乐山市科技重点科技项目："文旅遗产数字孪生 AR/3D 引擎"（项目编号：23GZD022）。

可持续的一体化生态文明与绿色发展实践

程　正◎著

文化发展出版社
Cultural Development Press
·北京·

图书在版编目（CIP）数据

可持续的一体化生态文明与绿色发展实践 / 程正著
. — 北京 : 文化发展出版社，2023.12
ISBN 978-7-5142-4274-4

Ⅰ. ①可… Ⅱ. ①程… Ⅲ. ①生态文明－发展战略－研究－中国 Ⅳ. ① X321.2

中国国家版本馆 CIP 数据核字 (2024) 第 026753 号

可持续的一体化生态文明与绿色发展实践

程 正 著

出 版 人：宋 娜
责任编辑：袁兆英　　责任校对：岳智勇
责任印制：邓辉明　　封面设计：守正文化
出版发行：文化发展出版社（北京市翠微路 2 号 邮编：100036）
网 址：www.wenhuafazhan.com
经 销：全国新华书店
印 刷：天津和萱印刷有限公司

开 本：710mm×1000mm 1/16
字 数：200 千字
印 张：11.25
版 次：2024 年 6 月第 1 版
印 次：2024 年 6 月第 1 次印刷

定 价：72.00 元
I S B N：978-7-5142-4274-4

◆ 如有印装质量问题，请电话联系：010-58484999

前　言

绿色发展理念是我国生态文明建设的一次重大理论突破。党的十八届五中全会以来，“创新、协调、绿色、开放、共享”成为我国生态文明绿色发展的指导理念。2019 年年初，习近平总书记在京津冀考察调研时多次强调，要坚持绿色发展理念。同年 3 月，习近平总书记在参加十三届全国人大二次会议内蒙古代表团审议时强调，要积极探索以生态优先、绿色发展为导向的高质量发展新路子。

习近平总书记在党的十八届五中全会第二次全体会议上曾深刻指出：“绿色发展，就其要义来讲，是要解决好人与自然和谐共生问题。人类发展活动必须尊重自然、顺应自然、保护自然，否则就会遭到大自然的报复，这个规律谁也无法抗拒。”绿色发展理念不仅蕴含着源远流长的历史文化底蕴，同时也准确把握了时代发展的新潮流，展现了历史智慧与现代文明的完美融合，对于建设美丽中国、实现中华民族伟大复兴中国梦，具有极其重要的理论和现实意义。

生态文明是人类在追求人与自然、人与人、人与社会和谐共生、良性循环、全面发展、持续繁荣的文化伦理形态中所获得的物质和精神成果。它以尊重自然、顺应自然、保护自然为基础，追求经济社会可持续发展，实现人与社会全面进步。生态文明，作为人类文明的一种形式，是对生态哲学、生态伦理学、生态经济学、生态现代化理论等生态思想的深入挖掘和升华，是人类文明与文化发展的重要成果，也是社会主义本质属性的体现，其核心理念在于公正、高效、和谐及人文发展。

本书共五章。第一章为生态文明建设概述，包括生态文明建设的内涵、生态文明建设的背景、生态文明建设的理论基础。第二章为生态文明建设思想与具体内容，详细说明了习近平生态文明思想、生态农业发展、生态服务业发展、生态科技发展。第三章为绿色发展概述，主要从绿色发展的内涵、绿色经济、绿色生产、绿色生活四个方面展开详细论述。第四章为可持续发展观下的生态文明与绿色发展，包括生态文明与可持续发展的辩证关系、绿色经济与可持续发展、绿色大学与可持续发展。第五章为生态文明与绿色发展的一体化实践，详细说明了城市的低碳发展与治理、国家公园的试点区建立。

在撰写本书的过程中，作者参考了一些国内外相关学者的研究成果，在此对他们表示衷心的感谢！由于作者的水平和时间有限，书中难免存在一些疏漏之处，恳请广大读者予以批评指正，不胜感激！

程　正

2023 年 5 月

目　录

第一章　生态文明建设概述

本章主要为生态文明建设概述，以期读者能够对生态文明建设有基础的认知，内容包括生态文明建设的内涵、生态文明建设的背景、生态文明建设的理论基础。

第一节　生态文明建设的内涵

一、生态文明建设的含义

生态文明建设就是在生态文明观的指导下进行的社会实践活动，这是一种对人与人、人与自然、人与社会关系进行完善和优化的实践活动。生态文明建设活动要求人类拥有高度的自觉性，在运用科学理论的基础上进行实践活动。我国的生态文明建设立足于中国特色社会主义思想，是中国特色社会主义事业的一项伟大工程，同时也是一项艰巨、复杂、庞大的工程，需要我们在建设中不断地摸索并完善。

我国的生态文明建设是与经济、政治、文化建设紧密相连的。我国的生态文明建设不仅要环境保护治理环境、节约资源，还要让生态文明的理念深入人心，改变人们不良的生活习惯和行为方式。在经济建设方面，人们应秉持可持续发展的理念；在生产生活方面，人们要节约资源，保护环境，发展绿色经济，最重要的是要在生产的过程中保护生态环境，倡导资源的循环利用，清洁生产，大力发展可再生资源；在政治建设方面，生态文明建设要求我们提高对生态的关注度，加强对环境的立法保护，完善法律法规；在文化建设方面，生态文明建设要求人们把生态文明理念记在心里，增强保护环境的意识。在这一过程中，还要加强生态道德的建设，从道德的角度来约束人们的行为，将生态与道德紧密联系在一起。

综上所述，生态文明建设的实质就是把可持续发展的理念提升到绿色发展的全新高度，让人类的后代子孙在这种理念环境中成长，为人类后代子孙的生存留下丰富的自然资源，实现种族的延续和发展。

二、生态文明建设的基本原则

生态文明建设将人与自然的和谐发展作为行动准则，将尊重保护自然作为宗旨，强调从人类利益和生态利益的角度出发，创建一种有序健康的生态机制。生态文明建设的目的是使全球走出生态文明的困境，解决严峻的资源、气候和环境问题，保持生态系统平衡，协调人、自然和社会的关系，促进生态环境朝着良好的方向发展，因此，生态文明建设应遵循生态公平原则、生态效率原则、生态和谐原则。

（一）生态公平原则

生态公平指的是每一位公民都应该拥有同等的生态权利，承担保护生态环境的义务。生态权利指的是每一位公民都有权利选择在不受污染的健康环境中生活。生态义务指的是每一位公民在享受权利的同时，都应该承担保护和改善环境的义务。由此可以说，生态公平包括以下三个方面。

第一，代内平等。代内平等指的是在现实生活中的同代人，不论国籍、性别、种族、文化等方面是否相同，在利用自然资源满足自身需求时，都应该在保护生态环境方面承担同等的责任。它要求处于同一代的人们不应该互相损害对方的利益，在国家范围内，地区应该服从国家；在世界范围内，国家应该服从全球人民的利益。总之，要采用少数服从多数，小集团利益服从大集团利益的原则。任何国家和地区，都不能以损害其他国家或者地区的发展为代价。

第二，代际平等。代际平等指的是当代人和后代人都能够共同享用自然资源，获得居住的权利。通俗来讲，作为当代人，在进行生产活动的时候，在合理运用利用资源的权利的时候，都要注意资源的可循环利用性，不能侵占后代人享有的权利，不能将过度滥用资源的代价转嫁给后代人。“国际自然资源保护同盟起草的《世界自然保护大纲》和《世界自然宪章》均表达了这一思想，文章指出，代际的幸福是当代人的社会责任，当代人应该限制不可再生资源的消耗，并把这种消费水平维持在仅仅满足社会的基本需要。代际平等强调了当代人在发展的同时，应当努力使后代人享受同等的发展机会，不能以损害子孙后代的发展为代价。”①

第三，人与自然平等。在工业文明时期，人类以自然的主宰者自居，让自己的地位凌驾于自然之上，肆意开采、挖掘宝贵的自然资源，长此以往，造成了自然资源的匮乏和生态环境的污染。人与自然平等是人类反思工业革命的惨痛教训

① 霍昭妃．中国生态文明建设途径现实选择[D]．沈阳：沈阳沈阳工业大学，2012．

得出的有利于人类和自然可持续发展的理论。人与自然平等要求我们有意识地控制自己的行为，在进行生产活动的时候，合理利用并改造自然，充分考虑自然的承载能力，与自然平等和谐相处，从而保证生态系统的稳定发展。

（二）生态效率原则

德国学者首次提出生态效率原则，该原则指的是生态资源满足人类需求的效率，它从全社会角度、从宏观角度、从长远角度看我们从事经济活动带来的经济产出与付出的生态环境代价、生态环境变化带来的自然灾害代价相比是否合算，它是产出与投入的比值。其中“产出”是指一个企业、行业或者整个经济体提供的产品与服务的价值，“投入”是指企业、行业或者经济体造成的环境的压力。[①]生态效率是一个综合考虑经济、社会和环境效益的概念，其目的是缓和自然与人类的矛盾，将人类活动范围控制在自然可承受范围内，以此来减轻人类对于环境的不利影响。生态效率原则的根本目标是用更少的资源生产更多的产品，同时保证在生产过程中排放的废物量可以达到最低，以此来减轻废弃物对环境的危害。

（三）生态和谐原则

生态和谐原则要求人与自然的关系应处于和谐统一的状态，人类在进行生产活动时，不能以牺牲生态环境的承载能力为代价，而是要考虑人与自然的可持续发展需求，做到人与自然和谐共生。

《世界自然宪章》中宣告：“生命的每种形式都是独特的，不管它对人类的价值如何，都应当受到尊重，为了给予其他有机物这样的承认，人类必须受行为道德准则的约束。”[②]因此，人类要学会尊重并保护自然，在科学理论的基础上，运用合理的方式开发自然，保持人与自然关系的和谐统一。在这种原则的指导下，自然可以获得长足的发展和再生，人类可以获得自然资源满足自己的物质需求，同时人类自身也可以得到健康发展。

三、生态文明建设的特征

（一）自律性和他律性

自律指的是主体按照一定的法律法规、政策法规、道德规范等，自觉地对自

① 霍昭妃．中国生态文明建设途径现实选择[D]．沈阳：沈阳工业大学，2012.

② 李威．生态文明的理论建设与实践探索[M]．哈尔滨：黑龙江教育出版社，2020.

身进行一种内在的道德性约束。他律指的是主体在外部条件的制约下，遵守道德的基本规范和原则。自律性和他律性是一种生态与道德相结合的特征，是一种道德性的规范，因此人们在进行生态文明建设的过程中，不能将自律性和他律性分离，而是要将两者紧密结合，这样才能够保证生态文明建设的有效实施。

在人与自然的关系中，人作为能动性的一方，在调节关系方面起到了主动作用。人类的意愿和想法决定了人类接下来将用何种行动对待自然，而人类能否运用生态文明的方式与自然相处，这是建设生态文明的关键所在。生态文明注重人与自然环境相互促进、相互依存和共处共荣，它所强调的是人的自律性与他律性。

（二）循环性和持续性

在自然界中开放性和循环性并存，它是生态系统的客观存在方式。为了满足人们日益增长的物质需求，人类需要开采大量自然资源，然而这种开采方式必然是在以生态中心主义为核心的生态理念的指导下进行的。人类在进行生产生活活动时，要注意开采可再生资源，对自然资源进行高度的循环利用，建立一种可循环发展的经济模式。另外，循环性也指事物之间的联系性，具有共生共存的特性，这就要求我们在处理人与自然关系的时候，要注意把握输入与输出、交换与循环的规律，让自然资源可以被循环利用起来，保证自然界的持续稳定发展。可持续性指的是一种可以长期执行和长期维持的过程。生态文明的可持续性要求人们尊重和保护自然，遵循自然发展的规律，合理分配社会、经济报酬和机会，从而实现人和自然的可持续性发展。人类社会的可持续性是由经济可持续性、社会可持续性和生态可持续性组成的，三者相互联系、互为表里，构成一个有机整体。在传统的工业文明时期，人们在“人类中心主义”观念的驱使下，采用高产出、高消耗的经济发展模式，加快了资源的枯竭和生态环境的恶化。因此，人类迫切需要寻找一种可循环发展的方式，缓和人与自然之间的矛盾，维持人与自然之间的协调发展，从而使人类社会实现可持续发展。

（三）公平性和文化性

在进行生态文明建设时，要注意生态文明具有公平性的特点。公平性指的是当代人之间、当代人与后代人之间、人与自然之间的公平。任何人都拥有享受自然资源的权利，当代人之间可以平等地享用自然资源，但是当代人要注意在享用自然资源的同时，保证资源的可循环利用，让子孙后代也能够享受自然资源带来的好处，不能剥夺他人生存的权利。另外，人在享受自然的时候，要时刻注意与自然的关系，要在一定意义上真正地实现社会的公平和公正，尊重自然，顺应自然，达到人与自然的和谐共生。

生态文明建设的首要任务就是培养人们的生态文明意识，建立一个保护环境、维持生态平衡的文化体系，在全球范围内营造一种良好的生态氛围，即保护自然、爱护自然、尊重自然，宣扬人与自然和谐共生的价值理念，指导人类进行科学、合理、有度的生态活动。

第二节　生态文明建设的背景

一、环境问题

（一）全球气候变暖（全球气候变化）

在大量化石燃料（主要指石油、煤炭）被消耗使用的背景下，全球大气中的二氧化碳浓度逐渐增加，而二氧化碳又属于温室气体，能吸收来自地面反射的长波辐射，使地球表面变得更暖（类似于温室截留太阳辐射，并加热温室内空气），这种温室气体使地球变得更温暖的现象称为“温室效应”。全球变暖本质上属于气候变化，受全球变暖的影响，地球常年存在的冰川、冻土会逐渐消融，由于冰川、冻土中存有大量的温室气体，当冰川、冻土逐渐消融时，这些温室气体将释放到大气中，加剧全球变暖的情况。此外，冰川、冻土逐渐消融还可能导致全球降水模式发生改变，对全球水资源分配和生态系统健康产生不利影响。全球变暖会带来如下几种危害：

①全球气温上升产生的热能会为空气和海洋提供相应的动能，进而导致强台风和超强台风出现，甚至是海啸等自然灾害的生成。这些自然灾害不仅会摧毁各类建筑物，对人类生命安全产生威胁，而且还会引发次生灾害，如受台风影响，部分地区短时间内的降雨量急剧增加，从而引发泥石流、山体滑坡、城市内涝等次生灾害，影响人们正常出行。

②受全球变暖影响，海洋、陆地中的水分大量蒸发，内陆地区出现大面积干旱现象，这会影响农作物及饲养作物的产量，从而导致食物危机，对正常的社会秩序产生影响。

③全球变暖导致冰山大面积融化，会引发淡水资源储备危机。冰山融水是地

下淡水储备的主要来源，全球 77.2% 的淡水资源来自冰山融水。如今，随着全球变暖速度加快，冰山积雪堆积速度远远低于冰山积雪融化速度，造成冰山积雪覆盖面积变少，冰山融水量逐渐减少，全球淡水资源储备量开始下降，最终会引发人类用水危机。

④如前所述，全球变暖造成了冰川、冻土的消融，使冰川、冻土中的温室气体重新释放到大气中。当大气中的温室气体（主要是二氧化碳）含量增加后，海洋中的温室气体（主要是二氧化碳）含量也会随之增加，由此导致海洋碳酸化，危及海洋中微生物的生存状况。海洋中的微生物在海洋生态系统中发挥着重要的作用，而一旦海洋中的微生物不复存在，大批海洋生物就会出现死亡的情况，在这些海洋生物尸体腐烂的过程中，会释放包括二氧化碳在内的温室气体，进一步影响全球气候环境。

⑤全球变暖会对动物生存产生一定影响。受全球气候变暖影响，部分动物冬眠时间缩短，长途迁徙动物因此会错过最佳捕食时机，不利于其生存，甚至出现死亡状况。全球变暖会影响食物链，一旦依靠捕食害虫谋生的动物出现死亡，食物链就会发生变化，大批害虫在没有天敌的情况下会进一步破坏森林植被、农作物，从而无形中影响生态气候和人类正常生活。

⑥随着全球气温不断攀升，人类的生理机能将面临越来越大的挑战，疾病的发生概率也将不断增加，各种生理疾病会以惊人的速度蔓延，甚至可能会带来新的疾病。随着时间的推移，社会在医疗领域所支付的费用将不断增加，而那些不幸丧生的人也将不断变多。全球变暖造成的“极端天气极端化”（如厄尔尼诺、拉尼娜、干旱、洪涝、热浪等），会加快各种传染性疾病的传播速度，对人类健康造成极大的危害。

⑦全球变暖导致全球冰川融化速度加快、全球海平面上升，对全球生态系统造成恶劣影响，使生态景观（如滩涂、湿地、红树林和珊瑚礁等）丧失应有的自我修复功能，海岸遭受侵蚀，海水渗入沿海地下淡水层，加剧沿海土地盐渍化，从而破坏了海岸、海口和海湾的自然生态环境，给沿海地区带来严重的生态灾难。

⑧全球变暖引发的极端天气，会使部分地区的雨季持续时间延长，增加水灾发生频率，容易引发洪水泛滥等自然灾害现象，同时也会提高风暴对水库大坝的影响和危害程度，从而缩短水库大坝的使用寿命。

1992 年 5 月 9 日，针对全球变暖趋势，联合国大会批准通过《联合国气候变化框架公约》。同年 6 月，该公约正式在巴西里约热内卢签署生效。《联合国气候变化框架公约》指出，发达国家应在 2000 年之前将温室气体排放量降至 1990 年时的水平，并为发展中国家提供相应的减排技术，以此帮助发展中国家积极应对全球气候变化危机。

（二）雾霾（灰霾）

雾霾是雾和霾的组合词，雾主要指微小水滴，霾主要指灰霾，对人体有害的是主要是灰霾，常见于城市。我国多数地方都将雾和霾并入一起进行灾害天气预警预报，即常见的“雾霾天气”。我国首次将雾霾天气纳入自然灾情是在2014年1月4日，具体出现在民政部发布的2013年自然灾情通报中。2014年3月，时任国务院总理的李克强，在政府工作报告中多次强调对雾霾天气“宣战”。2017年，李克强将“坚决打赢蓝天保卫战”写入政府工作报告。2018年7月30日，国务院发布《打赢蓝天保卫战三年行动计划》，旨在持续改善空气质量，为群众留住更多蓝天。2021年2月25日，生态环境部举行例行新闻发布，宣布《打赢蓝天保卫战三年行动计划》圆满收官。同年11月，中共中央、国务院印发《中共中央 国务院关于深入打好污染防治攻坚战的意见》提出“以实现减污降碳协同增效为总抓手，以改善生态环境质量为核心，以精准治污、科学治污、依法治污为工作方针，统筹污染治理、生态保护、应对气候变化，保持力度、延伸深度、拓宽广度，以更高标准打好蓝天、碧水、净土保卫战”。

雾霾是人类活动与特定气候条件相互作用的必然产物。在高密度人口的经济和社会活动中，不可避免地会产生大量细颗粒物，一旦这些颗粒物的排放超出了大气的循环能力和承载度，它们的浓度就会不断积累，如果受到静稳天气等因素的影响，就很容易出现雾霾问题。

雾霾的主要成分包括二氧化硫、氮氧化物和可吸入颗粒物，其中前两者属于气态污染物，而可吸入颗粒物则是导致雾霾天气污染加剧的“罪魁祸首”。PM，是指空气动力学当量直径小于或等于2.5微米的污染物颗粒，其英文简称为PM2.5。这类颗粒不仅是一种污染物，同时也是携带重金属、多环芳烃等有毒物质的载体。

雾气含有20多种有毒物质，包括酸、碱、盐、胺、酚等，以及尘埃、花粉、螨虫、流感病毒、结核分枝杆菌、肺炎球菌等，它们的含量比普通大气水滴高出数十倍。随着人们生活水平提高和环保意识增强，越来越多的市民开始关注环境空气质量问题。相较于雾气，雾霾所带来的身体健康风险更为严重。霾主要由悬浮在空中的细微粉尘组成，由于霾中的细小粉粒状的漂浮颗粒物直径通常不超过0.01微米，因此它们可以直接通过呼吸系统进入人的支气管，甚至进入肺部，从而对人的呼吸系统产生不利影响。在灰霾天气中，随着气压的降低和空气中可吸入颗粒物的急剧增加，空气的流动性变得不稳定，导致有害细菌和病毒向周围扩散的速度减缓，使空气中的病毒浓度升高，增加了疾病传播的风险。

雾霾对人身体的影响和对生产生活的影响有如下几项内容。

二氧化硫：主要由燃煤及燃料油等含硫物质燃烧产生，其次是由如火山爆发、森林起火等自然原因产生。二氧化硫的存在会对人体的结膜和上呼吸道黏膜造成强烈的刺激，使呼吸器官受损，引发支气管炎、肺炎等疾病，甚至可能导致肺水肿和呼吸麻痹。老年人或慢性病患者在短期内暴露于二氧化硫浓度为 0.5 毫克 / 立方米的空气中，其死亡率将会上升，而当空气中二氧化硫浓度超过 0.25 毫克 / 立方米时，可能会导致呼吸道疾病患者的病情恶化。人群中，那些长期暴露于 0.1 毫克 / 立方米空气中的个体，其呼吸系统疾病的发病率呈现上升趋势。二氧化硫还会引起皮肤瘙痒，并影响食欲，严重者还会出现哮喘症状。此外，二氧化硫具有对金属材料、房屋建筑、棉纺化纤制品、皮革纸张等制品的腐蚀性，导致其剥落、褪色、损坏，同时还会引起植物叶片的黄化和枯死。

氮氧化物：空气中含氮的氧化物有一氧化二氮、一氧化氮、二氧化氮等，其中一氧化氮和二氧化氮最为常见，以氮氧化物表示。氮氧化物污染主要来源于生产、生活中所用的煤、石油等燃料燃烧的产物（包括汽车及一切内燃机燃烧排放的氮氧化物），其次来自生产或使用硝酸的工厂排放的废气。当氮氧化物与碳氢化物共存于空气中时，经阳光紫外线照射，发生光化学反应，产生一种光化学烟雾，它是一种有毒性的二次污染物。二氧化氮比一氧化氮的毒性高 4 倍，可引起肺损害，造成肺水肿。慢性中毒可致气管、肺病变。吸入一氧化氮，可引起变性血红蛋白的形成并对中枢神经系统产生影响。氮氧化物对动物的影响浓度大致为 1.0 毫克 / 立方米，对人类的影响浓度大致为 0.2 毫克 / 立方米。

粒子状污染物：空气中存在着数量众多、成分复杂的粒子状污染物，这些污染物本身具有成为有毒物质或其他污染物的运输载体的潜力，如二氧化硫、氮氧化物、烟尘、一氧化碳等都是大气中常见的微粒状物质，煤及其他燃料的不完全燃烧所产生的煤烟、工业生产过程中产生的粉尘、建筑和交通扬尘、风的扬尘，以及气态污染物在物理化学反应中形成的盐类颗粒物等，是该物质的主要来源。在空气污染监测项目中，粒子状污染物的监测项目主要为总悬浮颗粒物、自然降尘和飘尘。

铅及其化合物：指存在于总悬浮颗粒物中的铅及其化合物，主要来源于汽车排出的尾气。铅进入人体，可大部分蓄积于人的骨骼中，损害骨骼造血系统和神经系统，对男性的生殖腺也有一定的损害。其引起临床症状为贫血、末梢神经炎，并出现运动和感觉异常。在我国，尿铅含量 80 微克／升为正常值，血铅正常值应小于 50 微克／毫升。

常见的雾霾天气危害主要分为两类，具体内容如下。

1．对人体产生的危害

①对呼吸系统产生的影响。霾的成分相当复杂，涵盖了数百种大气中的化学微粒。这些微粒可以通过咳嗽吸入肺部后与血液发生反应，使血小板凝集，进而形成血栓堵塞血管。直径小于 10 微米的气溶胶粒子，如矿物颗粒物、海盐、硫酸盐、硝酸盐、有机气溶胶粒子燃料和汽车尾气等，具有直接进入人体呼吸道和肺泡中并黏附的能力，对人体健康构成危害。特别是在上、下呼吸道和肺泡中，亚微米级颗粒的沉积会导致急性鼻炎和急性支气管炎等疾病的发生。对于患有慢性呼吸系统疾病，如支气管哮喘、慢性支气管炎、阻塞性肺气肿和慢性阻塞性肺疾病等的患者，在雾霾天气下可能会出现急性发作或病情加重的情况，而长期处于这种环境中还可能导致肺癌的出现。

②对心血管系统产生的影响。雾霾天气对人体心血管系统的影响极为严重，它会妨碍正常的血液循环，导致高血压、冠心病、脑出血等多种疾病的发生，同时还可能引发心绞痛、心肌梗死、心力衰竭等严重症状，甚至可能导致慢性支气管炎、肺源性心脏病等疾病的发生。

此外，当浓雾天气的气压较低时，人们会感到一种不安的情绪，这种情绪会导致血压自然地上升。在雾天中，由于气温较低，一些患有高血压和冠心病的人突然离开温暖的室内，前往寒冷的室外，导致血管热胀冷缩，从而引起血压升高，可能发生中风和心肌梗死等疾病。因此，在雾中工作和生活的人都应该注意预防心血管疾病，尤其是患有心脑血病的患者，必须严格遵守药物治疗计划，并保持高度警觉以应对可能出现的情况。

③疾病传播的频率呈上升趋势。在雾霾天气中，由于光照条件的严重不足，接近底层的紫外线强度显著减弱，这使得空气中的细菌难以被有效地消灭，从而大大增加了传染病的患病风险。

④对儿童的成长产生负面影响。因为阳光和雾气的减少，儿童的紫外线照射时间不足，导致体内维生素 D 的生成不足，从而大大降低了对钙的吸收，这可能会严重影响儿童的健康状况。

⑤对心理健康产生的影响。专家们注意到，连续大雾天无论在心理还是在生理上均会对人们产生一定的影响。在心理方面，大雾天能使人们产生一种沉闷、

郁闷的情绪，并能产生或加重心理抑郁状态。另外，在有雾的日子，因光线弱和造成低气压等原因，部分人会出现精神不振、心情郁闷等情况。

2. 对生态环境和交通造成的危害

①对交通安全造成的危害。雾霾天气下，因空气质量较差、能见度不高，极易造成交通阻塞和交通事故。

②对生态环境造成的危害。雾霾天气对农作物的生长会造成重要的影响。

（三）生态破坏

人类对自然生态环境的不合理开发与利用，导致自然生态环境承载力大幅降低，致使人、动物和植物的生存条件趋于恶化，具体表现为森林资源减少、水土流失、土地沙漠化、土壤盐碱化和生物多样性降低等，这种现象即为生态破坏。一旦生态环境遭到破坏，那么就需要在相当长的一段时间内进行自主恢复或人为修复，否则就会产生生态破坏不可逆的结果。

1. 乱捕滥猎

在经济利益的驱动下，很多地区不顾生态的良性循环和承载能力，盲目甚至是粗暴地进行开采、捕猎，不合理的开发利用方式和强度，对许多动植物资源造成不可逆转的影响。

据国际捕鲸协会报道，全世界每年大约有2.6万头鲸被杀（平均每小时3头），其中俄罗斯和日本的捕鲸数占总捕鲸数的95%。

以蓝鲸为例，蓝鲸曾是全球占比最大的海洋哺乳动物，但随着人类的肆意捕捞猎杀，如今的蓝鲸存活数量不足5000只。当然，这些仅存的蓝鲸还要得益于各个国家出台的系列政策。再以非洲犀牛为例，它同样是世界上最为珍稀的物种，然而人类为获取高额利益去贩卖犀牛角，不顾非洲犀牛生存数量，反而是进一步加剧肆意捕杀活动，导致黑犀牛的数量已锐减90%，处于灭绝的边缘。①

2. 乱砍滥伐

森林植被是自然界进行物质循环和能量转换的枢纽，全球各地均分布不同种类、数量的森林植被，它们拥有最为完整的内部结构、最为复杂的成分，并且在自然界中具备最高的生物生产力。森林植被与生态环境长期相互适应，维系着整个自然界的生态平衡。具体来看，森林植被具有涵养水源、保持水土、防风固沙、增加湿度、净化空气和减弱噪声等作用，森林植被会对人类的生存发展、自然界生态系统的平衡稳定产生积极影响。

① 章志彪，张金方．认识地球[M]．北京：中国建材工业出版社，1998.

草是草原生态系统中的“生产者”，它能为在草原上生存的动物提供必需的物质和能量基础，是草原生态系统发展的前提。然而，由于人类过度放牧，导致草原生态系统的承载能力减弱，荒漠化和沙地化现象加剧。例如，我国现有的天然草场已经出现退化和沙化的现象，天然草场面积逐渐减小，而这主要是由于人类的过度放牧行为。

3. 土地遭破坏

造成土壤侵蚀和沙漠化的主要原因是不合理的农业生产。土壤侵蚀使土壤肥力和保水性下降，从而降低土壤的生物生产力及其保持生产力的能力，进而可能造成大范围的洪涝灾害和沙尘暴，给社会造成重大经济损失，并恶化生态环境。

4. 不合理地引进物种

生物在漫长的进化过程中，通过选择、淘汰、竞争和适应，形成了与其周围环境及其他生物相互依赖、相互制约的生态系统。当一个生态系统中的物种侵入另一个生态系统之后，侵入者既有可能夭折，也有可能在没有天敌制约的环境里迅速繁殖，使被侵入的生态系统失去稳定性而解体。在自然状态下，由于有沙漠、高山、大海的阻挡，生物很难从一个地方迁移到另一个地方。但是受到人类活动的影响，生物迁移比过去要容易得多，由此酿成的生物灾害在地球上也屡见不鲜。

一个典型的例子是，1859 年，有个好事者从英国带了 24 只家兔放到澳大利亚墨尔本动物园中。后来一场大火烧毁了兔笼，幸存的家兔窜入田野。偏巧，澳大利亚温和干燥的气候和丰富的青草十分适合这些兔子生存，特别是澳大利亚没有高等肉食动物，家兔基本上没有天敌，于是这些幸存者便以惊人的速度繁殖起来，很快达到 40 亿只，它们与绵羊争饲料，严重地破坏了草原，给澳大利亚畜牧业造成了重大损失。

上述生物入侵的例子告诫我们，人类千万不要盲目地破坏经过长期自然选择和相互作用后形成的生态系统，因为一个物种无论是灭绝还是过量繁殖，都会危及与它相关的几十个物种的生存，进而破坏生态系统。就因为生态破坏，现在全球每分钟会增加 11 公顷荒漠，并且每年至少有 5 万种生物物种灭绝。

（四）资源短缺

森林资源作为地球的主要资源，为实现生物多样化奠定了基础。森林资源具有两方面的作用：一方面，森林资源能够满足人类社会的生产生活需求；另一方面，森林资源用于维持生态系统平衡，不同数量、类型的森林植被用于调节气候、涵养水源、防风固沙、净化空气及消除噪声等。在森林资源丰富的地区，各种飞禽走兽、珍贵林木和药材遍布其间，可谓天然的“园林”，呈现生物多样化的特征。森林资源属于可再生的自然资源，同时也属于看不见摸不着的环境资源，是潜在绿色能源之一。

与第六次森林资源清查相比，2014—2018 年第九次森林资源清查结果为 2.20 亿公顷，森林面积增加了 25.71%。其中，人工林面积由 5 326 万公顷增加到 6 933 万公顷，增加了 30.17%；同时，森林覆盖率由 18.21% 增加到 22.96%。本报告监测和评估的结果显示，在中国的土地改善和恢复区域中，各类森林改善和恢复面积为 103.53 万平方千米，占比 32.85%；草地及其他植被覆盖类型改善和恢复面积为 119.49 万平方千米，占比 37.92%；农田改善和恢复面积 92.12 万平方千米，占比 29.23%。各类林草地的改善和恢复对中国区城土地恢复的贡献率超过 70%。[①]

淡水资源，即水资源，具体是指陆地上存有的淡水资源，主要包含江河湖泊中的淡水、高山积雪或冰川融化而成的淡水，以及地下水等。没有水，就没有生命。

地球上水的体积大约有 13.86 亿立方公里，海水占了绝大部分，也就是说，全球真正有效利用的淡水资源很少。

随着世界经济的发展，人口不断增长，城市日渐扩张，各地用水量不断增多。

20 世纪末，全国 600 多座城市中，有 400 多座城市存在供水不足问题，其中比较严重的缺水城市 110 个。北京每年缺水 10 多亿立方米，地下水位有的地方降了 30 多米。国际公认标准指出：轻度缺水是指人均水资源低于 3 000 立方米；中度缺水是指人均水资源低于 2 000 立方米；重度缺水是指人均水资源低于 1 000 立方米；极度缺水是指人均水资源低于 500 立方米。

矿产资源，即具有开发利用价值的矿物集合体，它是在地质成矿过程中形成的。它储存在地壳内部或者表层，埋藏在地下或裸露于地表，主要呈固态、液态或者气态。地球上的矿产资源非常有限，因此它属于非可再生资源。目前，世界上已知的矿产资源有 168 种，被广泛开采利用的有 80 余种。按其特点和用途，通常分为四类：能源矿产（如煤、石油、地热）11 种、金属矿产（如铁、锰、铜）59 种、非金属矿产（如金刚石、石灰岩、黏土）92 种、水气矿产（如地下水、矿泉水、气体二氧化碳）6 种。

① 王琦安．全球生态环境遥感监测 2019 年度报告 全球土地退化态势 [M]．北京：测绘出版社，2020．

根据矿产资源划分标准的不同，有三种主要分类方法。

第一，按照矿产资源生成储存的不同领域，主要分为陆地资源和海洋资源。

第二，根据矿产资源用途不同划分（我国矿产资源统计中使用的分类）为以下几项。

①能源矿产：煤、石油、油页岩、天然气、铀等。

②黑色金属矿产：铁、锰、铬等。

③有色金属矿产：铜、锌、铝、铅、镍，钨、铋、钼等。

④稀有金属矿产：锂、钽等。

⑤贵金属矿产：金、银、铂等。

⑥冶金辅助用料：溶剂用石灰岩、冶金用白云岩、硅石等。

⑦化工原料：硫铁矿、自然硫、磷、钾盐等。

⑧特种类：压电水晶、冰洲石、金刚石、光学萤石等。

⑨建材及其他类：饰面用花岗岩、建筑用花岗岩、建筑石料用石灰岩、砖瓦用页岩、水泥配料用黏土等。

⑩水气矿产类：地下水、地下热水、二氧化碳气等。

第三，按矿物的性质分为以下几类。

①无毒且必需元素：钾石盐、金刚石、石棉、石英。

②强烈毒性元素：毒重石、胆矾、毒砂、雌黄、雄黄、砷华、砷化氢、辰砂、方铅矿、光卤石等。

③含有有毒元素但本身一般无毒：在冶炼和使用中可能会造成伤害，包括闪锌矿、绿柱石、铬铁矿、重晶石、萤石、自然金。

④放射性矿物：铀等。

中国虽地大物博，但人均资源不足，石油、天然气、铁矿石等资源的人均拥有储量也明显低于世界平均水平。同时，由于长期实行增加资金和物质投入的粗放型经济增长方式，能源和其他资源的消耗增长也很快。以往，我国拥有较为丰富的能源资源和相对宽广的生态环境空间，但是随着我国的环境承载能力已达临界点，必须积极构建绿色低碳循环发展体系，更好地满足人民群众对良好生态环境的需求。

英国石油公司（bp）发布的《bp 世界能源统计年鉴 2022》的统计数据显示：2021 年全球石油消费量为 94 088 千桶／天，年均增长率为 6.0%；全球石油产量为 89 877 千桶／天，年均增长率为 1.6%。2021 年全球天然气需求增长 5.3%，恢复到 2019 年前的水平之上，且首次突破 4 万亿立方米大关。2021 年液化天然气供应量增长 5.6%（增长了 260 亿立方米），达到 5 160 亿立方米，是 2015 年以来（2020 年除外）的最低增长率。中国取代日本成为全球最大液化天然气进口国，在 2021 年全球液化天然气需求增量中占比近 60%。2021 年煤炭价格大幅上涨，其中，欧洲平均价格为 121 美元／吨，亚洲标杆价格平均达 145 美元／吨，是 2008 年以来的最高水平。2021 年煤炭消费量增长超过 6%，达到 160 艾焦，略高于 2019 年的水平，是 2014 年以来的最高水平。中国和印度在 2021 年全球煤炭需求增长中占比超过 70%，分别增长 3.7 艾焦和 2.7 艾焦。全球产量与消费量相匹配，供应量则增长了 4.40 亿吨。中国和印度在产量增长中占比最大，且主要属于国内消费。①

空气、水和土壤是自然生态的三大核心要素，它们作为自然的实体性存在，也是人类生存的基础条件。人类社会的发展实践证明，如果生态系统不能持续提供资源能源、清洁的空气和水等要素，物质文明的持续发展就会失去载体和基础，经济的高效繁荣就是一句空话，甚至整个人类文明都会受到威胁。

二、经济问题

自改革开放至今，我国经济整体呈稳中向好的发展趋势，产业发展不断壮大、经济总量持续提升。同时，支撑我国经济增长的要素条件也在随之变化，具体表现为经济增长成本不断提高、比较优势减弱。尤其是在国际金融危机的冲击与影响下，我国的经济结构及发展方式存在的问题越加明显，因而迫切需要转变经济发展方式和调整经济结构。

（一）能源资源约束从紧

我国经济增长仍主要依靠物质资源消耗，能源资源对外依赖程度不断提高。我国的经济增长的成果分配和使用存在着不公平、效益不高的现象。无论从稳定社会发展的角度看，还是从资源与生态环境制约的角度看，这种增长都是不可持续的，增长与发展的矛盾日益突出。

中国能源资源进口增加将会提升整个国际市场的价格，中国低价格制成品出口增长将会压低国际市场价格，这必将导致我国与其他相关国家之间发生更多贸易摩擦，同时也很容易受到其他国家的制约。

---

① bp 集团 .bp 世界能源统计年鉴 2022[R/OL]. (2022-6-28) [2023-5-27].https://www.bp.com.cn/content/dam/bp/country-sites/zh_cn/china/home/reports/statistical-review-of-world-energy/2022/bp-stats-review-2022-full-report_zh_resized.pdf.

（二）供给结构问题突出

2008年全球金融危机爆发，在外需低迷的冲击下，我国经济发展速度明显降低。2012年之后国内生产总值（GDP）进入8%以下的中高速增长轨道，资源、环境的约束及劳动力成本增长过快的压力并没有得到有效缓解。供给侧与需求侧的结构性矛盾加剧，基于低成本的数量扩张型工业化路径越来越难以适应消费转型升级的需要，我国经济市场亟待通过创新培育新的供给能力，通过合理的产业政策加快转变经济发展方式、推动产业结构优化升级。复杂的经济形势产生的倒逼效益和政府加快转变经济增长方式的政策推动效益，共同促使我国产业整体上向创新驱动的方向升级。应对这些挑战，迫切需要通过供给侧结构性改革提高创新能力、培育新的发展动能。在新一轮科技革命和产业变革的形势下，培育经济增长、产业升级的新动能必须依靠技术创新，推进供给侧结构性改革，提高技术创新能力来实现。

加强生态文明建设，由工业文明向生态文明转变，减少发展的生态成本，推进产业生态化和生态产业化，开创高效绿色经济发展模式已成为必然选择。

三、国际问题

（一）碳税和碳标签成为国际竞争中的重要博弈手段

世界各国均将征收碳税作为国际竞争的重要博弈手段。其中，芬兰、德国等欧盟国家，最早开始征收碳税。澳大利亚是世界上人均碳排放量最高的国家之一，该国自2012年7月1日起开始征收碳税。碳标签制度最早是公益性产品标志，后来逐渐发展成为出口产品的国际通行证。自2007年以来，英国、美国、法国、德国等十余个国家开始实行碳标签制度。2008年，欧盟以立法形式将航空业纳入碳排放交易体系，自2012年1月1日起，所有在欧盟国家机场起降的国际航班，均会受到碳排放量的限制，如出现碳排放量超标情况，则需由该航班所属航空公司缴纳欧盟航空碳排放交易费用。

（二）绿色标准成为国际竞争中的主要博弈工具

美国政府以绿色标准为手段重塑美国经济，振兴高端制造业，实施汽车及家电行业能耗新标准，同时给予新产品使用者财政补贴。美国政府与国会联手制定了一项“绿色贸易”法案，规定向美国出口的货物都要达到美国绿色标准。欧盟国家在政府采购计划中不断强化主动性环境采购措施，绿色采购在欧盟公共采购中所占比重达到 19%。近年来，越来越多的国家开始征收碳税、制定绿色标准，其实质是各个国家、利益集团在争夺未来发展和经济竞争中的优势地位。面对全球绿色大趋势带来的机遇与挑战，只有在新一轮绿色竞赛中抢占先机，才能在未来的国际竞争中赢得主动地位。

第三节 生态文明建设的理论基础

一、马克思、恩格斯生态文明思想

马克思和恩格斯将人类社会与自然界中的发展过程、发展规律作为研究对象，共同创立了马克思主义思想体系，该思想体系蕴含着丰富的生态文明理论，并且广泛存在于经济、社会、政治、哲学等理论体系中。马克思、恩格斯的生态文明理论揭示了人与自然的辩证关系，提出了人与自然和谐发展的观点，指出了正确处理人与自然关系的思想内核。马克思、恩格斯的生态文明理论以世界观为基础、以方法论为前提，对资本主义进行了历史性的考察和理论性的批判，成为指导人类解决环境问题和生态危机的理论根基，是当前我国构建社会主义生态文明社会的理论基础和指导思想。

（一）马克思主义生态思想的基本内涵

1. 客观认识和看待自然界

马克思和恩格斯是唯物主义者，他们能够客观认识和看待自然界，既不把自然界作为信仰盲目崇拜，同时又对自然界怀有敬畏之心。马克思和恩格斯通过批判所谓“真正的社会主义”来表明他们对自然崇拜、自然神秘化的态度。“真正的社会主义”又称“德国的社会主义”，这是 19 世纪中期流行在德国高层知识分子中的一种具有普遍性的社会思潮。当时，德国在欧洲国家中处于比较落后的地位，德国资产阶级与封建阶级的斗争刚刚开始。德国的资产阶级由于害怕在反对封建主义的过程中社会主义思想发展壮大，因此试图通过保存小生产者的地位来联合无产阶级。也是在这一契机的影响下，一些先进的社会主义学者和小生产者利益的代表将社会主义思想同黑格尔、费尔巴哈的异化，人类的本质及真正的人等范畴结合起来，形成了这种思潮。

马克思、恩格斯指出，在自然界中“人”除了看见鲜花绿草、流水潺潺，可能还会看见许多其他的东西，如植物和动物之间的残酷竞争，“高大的、骄傲的橡树林”夺去了小灌木林的生活资料，等等。所以，自然界绝不是“真正的社会主义”想象中童话的乐园，那里面充满了残酷的斗争。自然界是个真正的适者生存、弱肉强食的世界，每天都在发生血淋淋的生存斗争。人类社会不能以自然界为榜样，否则只会把自然中的“丛林法则”引入人类社会。

马克思和恩格斯还指出，“真正的社会主义”把自然界各种物体及其相互关系变成神秘的“统一体”，其错误在于把某些思想强加于自然界，他想在人类社会中看到这些思想的实现。他们把想象中美好的图景强加于自然界，然后再把这种想象中的世界当作人类社会的教材，鼓吹人类社会向自然界学习，于是也就否认了人对自然界的劳动改造。因此，自然崇拜、自然神秘化等思想主张人类完全服从自然，它对人类最大的危害就是否定了人的主体性和创造性，完全忽视了人类劳动的价值，对人类文明的进步是一个巨大的阻碍。①

2．在改造自然的过程中要注重保护自然

（1）人类改造并创造环境

马克思和恩格斯认为，人具有改变自然界的能力，人不仅能够改造环境还能够创造环境。人和动物不一样，动物只能被动地适应自然环境，被动地接受周围的改变，人类则不同，作为具有自主意识的生物，人类能够通过自己的思考和劳动改变自然界，使自然环境变得适合人类生存与发展。人和动物的本质有很大的差别，人是社会的人，人是社会劳动和社会实践造就的生物，如果失去劳动和实践，人类将和其他的动物一样沦为普通的生物。动物只能被动地适应自然，人类虽然在某些条件下也必须被动地适应环境，但是在主观能动性的影响下，人最终能够通过自己的努力对自然环境进行改造，使其能满足自身的发展需求。

（2）人对自然的改造要有所为有所不为

人是自然性和社会性的统一，其自然性决定了人必须持续地对自然进行改造活动。改造自然的活动是人类生存和发展的物质基础，是人创造历史的基本条件。因此人的第一个历史活动就是生产满足这些需要的物质资料，在这之后，人才能从事政治、宗教等社会活动，才能从事哲学研究、科学研究等精神活动，进而创造理论体系。所以，社会物质活动是社会精神活动的基础，离开社会物质活动，社会精神活动就停止了，人类历史也就停止了，人类也将像自然进化史上无数消失的生物物种一样走向毁灭。

① 王艳华，张雪敏．马克思自然观的生态文明价值[J]．辽宁大学学报（哲学社会科学版），2020，48（2）：24—30.

人对自然改造的“有所为”主要体现在：通过改造自然来获取物质资料，这一方面的活动一天也不能停止。然而，再加上人类改造自然的能力越来越强，人使用的手段和工具越来越强大，再加上科学技术的日益进步，人的活动给自然界带来的负面影响日趋显现出来。环境问题已经直接影响到当代人的生存，更加威胁到后代人的生存和发展。这就要求人对自然的改造还要“有所不为”，即人必须减少自身行为的盲目性，增强计划性、目的性，这样才能更加合理地进行人与自然的物质变换，进而保护自然环境，这一方面的活动使人成为真正意义上的“人”。

（二）马克思主义生态思想的科学性分析

1. 将“以人为尺度”和“以自然为尺度”相结合

人类实践应该遵循社会与自然两种尺度的统一，该观点最早是由马克思提出的。根据马克思的观点，动物只是按照它所属的那个“种的尺度”和需要来构造，而人懂得按照任何一个“种的尺度”来进行生产，并且懂得处处都把“内在的尺度运用于对象”。人按照“种的尺度”进行生产是指人按照世界上各种存在物的固有属性、本质和运动规律设定的尺度，即“物的尺度”进行生产。这种“物”既包括狭义的自然界，也包括人工的自然界和存在于人类社会中的各种社会关系。人把自己“内在的尺度运用于对象”，则是指人按照内在的需要、欲望、目的和人的本质力量的性质所设定的尺度，即“人的尺度”去进行生产和改造自然物。马克思在这里明确指出了“物的尺度”与“人的尺度”的内在统一性。这也要求我们既要克服客体的局限，不要在必然性中遗忘主体，又要防止主体的膨胀、任意支配自然、超越自然的必然性，使自然失去平衡。

近一个世纪以来，随着人类对自然界的影响力不断增强，人类的主体性得到了体现，物质生活得到了极大丰富，但是随之而来的各种问题也层出不穷。面对严峻的发展形势，人们开始思考问题产生的根源。有些人认为人类目前的困境是由人的主体性作用过度发挥及人类太过强调以自己为中心造成的，因此有人对人的主体性提出了质疑，他们主张将人看作自然界普通生物的一种，用衡量其他事物的标准来衡量人类，理想状态是回到以自然界为主导的发展中。

马克思主义生态文明思想最明显的特征就是重新规定了唯物主义两种尺度统一的判别标准，提出了一种以人类为发展核心，通过对生产关系的变革及对生产力发展的合理规划实现人与自然的和谐统一、共同发展的观念。人类对生态危机和检讨自身不同态度，说明人们不应该放弃“人类尺度”，因为文明的进步，必须依靠人类的不懈努力才能实现。在现代文明的发展中，也只有充分重视人的主体性，将自然环境与人类发展问题和谐处理，才能将人类和自然的利益统一起来，才能实现人类社会和自然界的长远发展。马克思主义生态学思想家们认为，现实只有在以人为中心的发展体系中才有意义，如果以自然界为主导，人类根本无力对抗自然；马克思主义生态发展观主张利用人类的智慧来保护自然界，促进二者的和谐发展，解决人类的发展危机。将“以人为尺度”和“以自然为尺度”的自然价值观结合起来，超越主客二分的狭隘界限和僵化模式，进而摆脱单方面考察固有的历史局限。

2. 重构唯物主义自然观和唯物主义历史观

马克思主义生态学中的另一个重要的特征是主张重构马克思主义的自然与历史的唯物主义方法。马克思主义生态学的思想家们一致认为，马克思主义生态学认识来自一种系统的、与科学革命紧密相关的，对唯物主义的自然概念和唯物主义的历史概念的发展。美国著名的生态学马克思主义理论家约翰·贝拉米·福斯特对马克思主义的唯物主义理论及人类社会和自然之间的辩证关系提供了最新的认识，并详细阐述了如何重新建构马克思的唯物主义的问题。福斯特认为，人类与自然间的物质交换关系是贯穿整个马克思主义学说的根本观点，这是理解马克思主义学说的关键，或者说认识到马克思不仅是一个历史唯物主义者，而且还是一个辩证唯物主义者和实践唯物主义者。马克思主义关于自然和新陈代谢的观点，为解决今天我们称之为生态学的诸多问题提供了一个唯物主义和社会历史学的角度和方法。①

社会生态学家、美国激进政治经济学代表人物之一，美国当代生态学马克思主义的领军人物詹姆斯·奥康纳则主张对马克思主义在人类与自然界的相互作用问题上的辩证的和唯物主义的思考方法做出重新阐释。奥康纳提出要建构一种有别于传统历史唯物主义的马克思主义生态学的历史观，这种历史观致力于探寻一种能将正确理解的“自然”以及在这一基础上的“文化”主题与传统马克思主义的劳动或物质生产的范畴融合在一起的方法论模式。奥康纳提出了自然与文化的生产力和生产关系等概念，重新阐释了马克思主义自然与历史的唯物主义概念，建立了马克思主义生态学的唯物主义方法与历史唯物主义体系。马克思主义生态学的建构虽然还存在着缺陷，但是他们的理论建构使历史唯物主义的理论结构和内容在当代生态学视域内得到了丰富和更新。②

① 周向军，刘明芝．科学发展观理论与实践研究[M]．济南：山东大学出版社，2009.

② 陶火生．马克思生态思想研究[M]．北京：学习出版社，2013.

3. 秉承人与自然关系的新范式

“范式”概念是由美国著名科学哲学家托马斯·库恩提出的，主要指“科学共同体”共有的概念框架，它包含“科学共同体”的信念哲学观点、公认的科学成就、方法论准则、规定、习惯乃至教科书或经典著作、实验仪器等。[①]

按照这种理解，我们把人类的自然观念称为对人与自然关系解读的不同范式，这种范式随着时代的发展在内容上发生过多次重大的变化，即自然观的转向。

一般认为，人类解读人与自然关系的这种范式大致经历过宗教自然观、有机论自然观、机械论自然观和生态自然观等几种变化形式。马克思主义生态学的自然观属于生态自然观发展阶段，是当代人类解读人与自然关系的新范式。马克思主义生态学思想家们都认为这种新自然观是在批判传统自然观包括传统马克思主义的机械自然观的基础上建构起来的。在面对20世纪人与自然之间的尖锐矛盾——环境污染、生态危机等全球问题空前凸显的现实状况时，他们一致认为，传统自然观包括传统的马克思主义机械自然观在内仍然存在着局限性。

马克思主义生态学思想家认为，在对待自然的问题上，片面的人类中心主义和非人类中心主义的观点都不能正确解读人与自然的当代关系。他们主张，在当代，人类应该坚持一种新的自然观，这种新自然观就是综合了生态学与马克思主义的生态自然观。新自然观在根本上、内在上超越了传统自然观，马克思主义生态思想的最终目的是将人类的生存需求与自然的承受能力统一起来，找到一个合适的方式帮助它们达成某种平衡，从而促进二者的和谐发展。马克思主义生态思想的主张和理念为科学家和哲学家探求人类的科学发展提供了新思路。

马克思主义生态学思想家们立足于对人和自然界关系的探讨，根据人类的发展状况和生态环境的客观实际，提出了一种新的发展思路，为人类社会的持续发展做出了指引。

4. 将社会革命与生态革命相结合

马克思主义生态学是对由生态危机引发的生态革命的探索，旨在将生态学与马克思主义相融合，为人们开辟一条符合马克思主义社会革命、生态革命的社会发展之路，推动马克思主义的发展。

在西方社会，马克思主义生态学者都毫不避讳地称自己是马克思主义学说的认同者，他们都抱有共同的理念，即通过马克思主义生态思想解决西方社会面临的发展与环境保护的问题，找到一条避免生态环境恶化，减少生态问题的新途径。

① 姚国宏. 权力知识研究 一种后知识话语的理解 [M]. 上海：上海三联书店，2017.

在西方社会的马克思主义生态学者看来，不管是何种社会形态，都不可避免地会对生态问题进行讨论。

从社会发展的角度来说，马克思主义生态思想在西方社会的发展是马克思主义理论的一种完善和进步，我们应该科学看待这一问题；对于西方国家在马克思主义生态文明理论上取得的成果，我们应该给予充分的尊重，并吸收适合我国社会制度和国情的理论对我国的生态实践进行科学的指导。马克思主义生态哲学反映在自然观上就是马克思主义生态学与马克思辩证唯物主义结合在一起。佩珀认为，马克思主义主张的人类的主体性发挥与自然环境之间的辩证观点，在不同学者和生态理念认同者的心中可能会有不同的解读，马克思主义一贯坚持的唯物的、历史的、发展的观念，更多的情况下适用于绿色发展战略。

自然是马克思主义生态学的核心概念。马克思主义生态学借助对马克思的有关社会和自然的思想的分析，结合 20 世纪社会与自然的关系的现实状况重新解释马克思的辩证唯物主义、马克思的历史唯物主义和马克思主义自然观，建构马克思主义生态学的自然观和历史观，以此为分析和批判 20 世纪的资本主义的世界观。马克思主义生态学思想家将马克思主义理论、现代生态观念及当前社会生态发展实践联系在一起，用马克思主义辩证唯物的观点来解释当前的生态困境，对资本主义环境观进行了否定，并提出了人与自然和谐发展的新思路。当然也有一些学者认为，想要从根本上解决西方社会生态环境恶化的问题，就要改变以资本主义制度建设生态社会主义的方式。从这里我们也可以看出，马克思主义生态学没有脱离马克思主义的本质。此外，它也是当代西方生态文明理念的一个重要组成部分。

二、中西方文化中的生态文明理念

（一）生态文明与西方文明的渊源

1. 西方从农业社会向工业社会转型期的生态文明理念

18 世纪的第一次工业革命，以蒸汽动力为标志，西方早期发达国家的社会转型开始；直至 19 世纪中后期，英国等国家率先完成了向工业社会转型的任务。

工业革命被誉为“创新的加速器”，引领人类社会从农业文明时代迈向一个全新的工业文明时代。第一次工业革命的显著特征在于采用非生物能源（煤等）进行大规模机器化生产，这种生产方式技术水平不高，属于粗放化的生产方式。第一次工业革命推动经济增长的速度远远不及第二次工业革命，后者对经济增长的推动作用更为显著。在技术形态方面，第二次工业革命实现了从以蒸汽机为主导的技术向以电动机和发电机为主导的技术的转变；实现了从传统的机器大工业生产方式向电气化、自动化生产方式的转型；在社会变革的进程中，成功实现了从自由资本主义向垄断资本主义的转变。现代转型是一种结构性变迁过程，它既包含着传统向现代化转型固有的历史必然性，又体现出现代发展的阶段性特征。现代社会的结构特征是由以工业为中心的转型带来的政治、文化、社会、教育、福利和健康等方面的相应变化塑造的，这些变化不仅推动了经济的持续增长，而且为现代社会的发展注入了新的活力。

早期工业化在西方国家所带来的生态环境问题，主要体现在局部地区森林的破坏、大气环境的污染以及河流水域的污染等方面。这些环境问题产生的根源在于资本主义经济发展过程中出现的生态矛盾，而解决这种矛盾的途径就是进行社会革命和实行可持续发展战略。马克思、恩格斯对资本主义发展过程中出现的生态危机进行过深刻而全面的思考，他们亲身经历了英国等资本主义国家所经历的翻天覆地的巨变：一方面，物质财富源源不断地被创造出来；另一方面，工业城市的空气变得越来越混浊，森林草地被破坏，工人的居住环境变得肮脏不堪，工作条件也变得极其恶劣。随着工业革命的深入推进，工业化进程加速，生产力不断提高，导致人口急剧增加，自然资源消耗加快，环境污染日益严重。20 世纪，工业社会对生态环境造成了更严重的破坏，对人类社会的生产和生活产生了深远的影响。因此，人们开始反思工业文明带来的生态问题。在西方早期发达国家的发展历程中，环境问题被视为工业化时期普遍存在的问题。西方早期发达国家实现工业化和现代化的关键在于建立一种经济增长模式，该模式以高消耗、高投入、高消费和高污染为基础，即使牺牲生态环境也要追求经济增长。

自 20 世纪 60 年代至今，世界各国均面临环境污染、生态失衡、人口爆炸和资源短缺的问题。与此同时，来自欧美国家的生态主义者，针对工业社会不假思索地改造和破坏生态环境的做法，提出强烈指责和批判，并提倡人类应善待生命、敬畏自然，保持生态环境趋于动态平衡。

其实，自 20 世纪 30 年代开始，来自美国的科学家和环境保护主义者奥尔多·利奥波德就率先提出了大地伦理思想。利奥波德的大地伦理思想核心是关注自然环境，认为世界各国应将大地纳入人类伦理应该关注的范围。[①] 可见，利奥波德的大地伦理思想是对人类伦理思想的一次超越。

① 章海荣．生态伦理与生态美学 [M]. 上海：复旦大学出版社，2005.

在这之后，由美国著名作家蕾切尔·卡逊发表的科普读物《寂静的春天》，以及由美国著名生物学家巴里·康芒纳发表的《封闭的循环》，均使用生动形象的例子指出环境污染问题及其带来的后果，成为敲响环境保护的警钟，引起世界各国环保人士的广泛关注和讨论。随着有关环境保护的文献著作不断增多，国际社会组织开始正式就环境议题展开讨论。1972 年，联合国召开第一次人类环境与发展会议，并通过了《联合国人类环境会议宣言》（以下简称《人类环境宣言》）。

随着工业社会的到来，西方早期的发达国家率先开展了生态文明建设实践，具体包括三方面内容。第一，包括学生、普通百姓、学者、记者等在内的社会各界人士，自发地走上街头进行示威游行，要求政府必须针对环境污染问题制订预案。这场旨在“回到大自然”的自下而上的生态运动，也使部分西欧国家的青年学生、教师、白领等自发践行生态理念。第二，世界各国政府开始建立环境保护机构，并制定环境保护政策。第三，20 世纪 70 年代以后，西方各国先后成立群众性的生态组织，如绿色和平组织、地球之友、自然之友、世界卫士、环境保护绿色运动、未来绿色运动、第三条道路等。并且，这些群众性生态组织还联合其他类型的群众运动，如反核反战运动、女权运动等，旨在将区域性的生态运动发展成为全球性的群众政治运动，进而为建立绿党组织奠定基础。

西方早期发达国家开展的生态文明建设实践，是对现代工业社会面临的生态危机的反思与批判。

到了 20 世纪 80 年代，受“生存主义理论”的影响，世界各国的政府、民间环保组织和公民，均相应地提升了环保意识。部分发达国家的政府陆续出台相应措施，以防治环境污染问题。此外，针对企业造成的环境污染，政府实行“谁污染，谁治理”的原则，并不断增加城市绿化面积，使空气污染指数保持最低值。与此同时，部分发达国家还出现绿色和平组织、动物保护协会等民间组织，这些民间组织为保护生态环境做出了较为积极的贡献。并且，随着公民环保意识的觉醒，他们也自发参与各种环保活动，如垃圾分类等，以加快生态文明建设进程。

2. 西方从工业社会向信息社会转型期的生态文明理念

西方早期发达国家在现代科技革命的推动下，经历了从传统工业社会向信息社会的转型时期，这是一场深刻的变革。20 世纪 40 年代是现代科技革命的开端，随着原子技术、电子计算机技术和空间技术的崛起，人类迈入了原子能和电子时代。信息技术作为现代高新技术之一，对当代生产力发展起着重要作用。在过去，材料技术和能源技术是技术革命的主要领域，而这场科技革命则以信息控制技术为核心，推动了整个领域的发展。在这场技术变革中，涌现出的众多新兴技术群体，无不与信息控制技术息息相关。人类社会在现代科技革命的推动下，进入了一个信息化的新时代。

在西方发达国家，现代科技革命的兴起和发展引领着传统工业社会向信息社会的转型进程。以信息技术为代表的科技革命及其应用，正在推动全球范围内生产要素组合方式和资源配置方式的变革。信息社会的转型所带来的影响不仅在于生态环境问题，它还为环境保护和经济发展之间的协同互动提供了全新的契机。自 20 世纪 80 年代以来，西方发达国家逐渐向信息社会转型，高科技及其相关产业以信息技术为核心，成为推动经济社会发展的引擎，不仅对现代产业结构进行了重塑，而且对整体社会结构、政治文化模式、思维方式以及生存生活理念等产生了深远影响。

具体来看，高科技及其产业化极大地提升了社会生产力和生产效率，同时降低了能源和资源消耗，减少了环境污染。并且，随着信息社会的发展，社会化大生产的分工合作日益紧密，某一产业领域的变革会催生一批新兴产业和服务产业。例如，高新技术与生物技术相互交叉，催生了许多新兴行业，如生物工程、新能源、空间技术、海洋开发等。在信息技术的引领下，高科技已经深入传统产业中，彻底改变了传统产业的内部结构和功能。随着现代科技革命向纵深推进，现代科技革命为人类的生存和发展提供了前所未有的机遇，同时也为协调人类与自然之间的关系提供了前所未有的可能，如信息技术为生产过程注入了科学化的元素，从而实现了最大限度的污染减少，生物技术在污染物控制和废物处理方面发挥了显著的积极作用。随着现代科技革命的推进，材料领域将迎来一场新的变革，这将有助于减少环境污染的影响。

自 20 世纪 80 年代起，西方国家的生态文明理念经历了两个不同的发展阶段。在这两个不同的发展阶段中，生态主义与人本主义思想的相互渗透，使生态文明理念不断走向成熟。

第一个发展阶段，即“可持续发展理论”的相关议题。自 20 世纪 80 年代中后期以来，西方早期发达国家的政治上层结构，以早期生态主义者的生态呼吁和新一轮科技革命的兴起为契机，反思传统发展观，主张在不同发展水平国家之间、不同代际坚持公平原则，以解决生态环境问题为主导价值观。第八次联合国环境与发展委员会的报告——《我们共同的未来》，以及 1992 年在巴西里约热内卢召开的联合国环境与发展大会等，为上述主导价值观提供了强有力的佐证。在这一时期，生态文明理念对传统发展观将社会进步视为经济增长的狭隘观点进行了批判，并强调了人与自然协调发展、和平共处的重要性。推崇以全人类为中心的人类中心主义观点，批判传统工业社会狭隘的以个体、民族为中心的思维方式，主张在考虑全球不同民族和国家的利益以及后代人的利益的前提下，将人类实践活动对自然的改造和利用严格限制在环境、资源和生态的可承受范围内，以实现经济社会的持续发展、生态系统的持续稳定和人类的永续发展。

第二个发展阶段，即“生态现代化理论”的相关议题。自 20 世纪 90 年代中后期以来，基于生态文明的“可持续发展理论”，西方国家对生态文明的理论和实践有了更进一步的发展，已不再满足于抽象地谈可持续发展，而是力图去寻求实现人与自然和谐相处的可行方案。这项工作以 2002 年约翰内斯堡“地球峰会”为标志，倡导发展绿色经济和以科技手段解决生态环境问题，最终提出了生态现代化理论。生态现代化理论以欧洲社会与生态实践为背景，以实现生态良好、经济发展与社会公平正义为理想社会情境。生态现代化理论遵循预防与创新相结合的原则，减少经济增长与环境退化之间的联系，以达到经济和环境的双赢，它主张经济生产评价应综合考虑经济合理性标准和生态合理性标准，认为生态环境标准与经济衡量指标同等重要。20 世纪 80 年代末至 90 年代，生态现代化概念被引入工业发达国家的政策议程中，为环境管理与经济增长之间以生态学原则为导向协同发展提供了新选择。

西方早期发达国家由工业社会走向信息社会，生态文明建设的实践与成果主要表现为循环经济。循环经济提出并发展起来，可追溯至 20 世纪 90 年代。可持续发展观是由德国、日本和美国建立的。受可持续发展观影响，上述各国均将实现可持续发展列为一项重要国策，与此同时，以发展循环经济和建立循环型社会为具体实施路径，循环经济也由此迅速兴起。

循环经济是一种物质闭环型的经济，其实质是用生态学规律代替机械论规律，以此指导人类的社会和经济活动。杜邦化学公司与卡伦堡生态工业区提倡的循环经济运行模式，是循环经济中最具代表意义的两种运行模式。杜邦化学公司采用企业内部循环经济运行模式，要求厂区各工艺区间进行物料循环，从而达到少排放乃至零排放的环保目标。卡伦堡生态工业园区采用企业间循环经济运行模式，即不同企业间形成共享资源与互换副产品相结合的产业共生组合，使一家工厂的废气、废热、废水等成为另一家工厂的原料和能源，以实现少排放甚至零排放的环境保护目标。[①] 生态工业园区的循环经济实践形式，主要表现为多个企业、自然界及居民区等相互协作。

① 夏从亚，夏保华．现代科学技术革命与马克思主义[M]．北京：中国石油大学出版社，2006．

总之，循环经济通过系统地交换物质与能量，高效地共享资源，谋求最大限度地减少资源与能源消耗，最大限度地减少废物产生，为构建可持续发展的经济、生态与社会关系而奋斗。

通过回顾西方的文明史，我们能够发现，在工业文明出现之前，由于人类还没有对大自然进行有组织的破坏活动，人类在有了高度的精神文明活动的时候，生态环境还是相当原始和绿色的。从某种意义上讲，在哲学层面人类并没有多少进步，甚至有倒退。工业文明出现之前自然和人应该算是和谐的，人们有时间、有精力、有理念去思考人生的各种问题，幸福指数并不一定很低。伴随着人类文明的发展，自然环境受到了极大的破坏，人类在拼命地追求科学技术的发展，在精神层面上思考的东西越来越少，对自然的索取越来越多，对物质进行无休止的追逐。

（二）生态文明与中华文化的渊源

尽管中华文明在工业文明中属于"迟到者"，但是它的精神内核却基本符合生态文明发展的内在要求，大到社会政治制度，小到文化哲学艺术，都闪耀着生态智慧之光。中国传统文化蕴含着丰富的生态伦理思想，它是对"物化文明"思想的反思和超越。中华文明诞生以来，历朝历代均有与生态保护有关的律令。例如，《周礼》上说："草木零落，然后入山林。"① 历朝历代统治者通过颁布严苛的律令，对污染生态环境的行为施以严厉处罚，如"殷之法，弃灰于公道者，断其手。"②历朝历代出现的有关生态保护的律令，并非统治者个人意识的集中体现，而是由中华文明本身的内涵决定的。以儒、道、释三家为核心的中华文明，在数千年的发展历程中形成了体系完整的生态伦理思想。

儒家的创始人孔子是一个非常宽容、仁爱的智者。他出生在公元前 551 年，过着宁静、尊贵、平淡的生活。当时统治者不够强大，老百姓饱受强盗和诸侯的欺凌。孔子爱人民，他设法规劝统治者实行仁政，他反对暴力，主张和平。他认为，法规并不能改变人民的命运，唯一能拯救人民的是他们的心灵。于是，他承担起一项看似毫无希望的使命，即改变广阔原野上几百万同胞的品性。孔子宽厚且不曾怨恨，他教导人们保持沉着冷静的美德。按照他的理念，一个真正高尚的人不会让自己动怒，不论命运带给他什么，他都会像哲人一样淡然处之。因为那些哲人明白，发生任何事情，从某个角度来说也许都是最好的。

---

① 周公旦．周礼[M]．桂林：漓江出版社，2022．

② 韩非．韩非子[M]．太原：山西古籍出版社，2001．

中国儒家生态智慧的核心是德性，尽心知性而知天，主张“天人合一”，其本质是“主客合一”，肯定人与自然界的统一，即“天地变化，圣人效之”“与天地相似，故不违；知周乎万物，而道济天下，故不过”①。儒家的生态伦理，反映了它对宽容、和谐的理想社会的追求，具体表现为以下几点：

1.“仁民爱物”的伦理学

儒家思想的核心为“仁者爱人爱物”。儒家主张根据动物的自然生长规律进行砍伐和田猎，从伦理学的角度看，这是对儒家“仁”的思想的推广，从发展农业经济的角度看，该主张体现了可持续发展的生态观。

2.“以时禁发”的生态观

儒家的另一代表人物孟子也提倡生态保护，他曾经对梁惠王说：“不违农时，谷不可胜食也；数罟不入洿池，鱼鳖不可胜食也。斧斤以时入山林，材木不可胜用也；谷与鱼鳖不可胜食，材木不可胜用，是使民养生丧死无憾也。养生丧死无憾，王道之始也。”②这里的“数罟不入洿池”“斧斤以时人山林”，即要求合理地开发利用资源，实现农业的可持续发展。

3.人与自然观

儒家重“生”倡“仁”，肯定天地万物的内在价值，主张以仁爱之心对待自然，热爱生命。孔子以“仁”为本，孟子发挥孔子的“仁爱”思想，第一次明确回答了生态道德与人际道德的关系问题。

4.“取物以时”“取物不尽”

孔子热爱自然，热爱生命，主张“不时不食”，反对竭泽而渔、焚林而猎、覆巢毁卵的行为，认为按照生态规律办事，“树之以桑”，养之以畜，“不失其时”“勿夺其时”，可以无饥矣。

儒家所倡导的理念是“仁者”应当怀着对大自然的热爱之情，与自然亲密接触，将融入大自然视为人生中最大的喜悦和追求。儒家崇尚自然，认为“天”为自然界的功能所在，而自然界是由“四时运行、万物生长”构成的，“自然界乃有生命之存在”，其本身即为生命之整体，也就是说，人与自然界相互依存，相互制约，人必须顺应天，才能得到健康的发展。此外，儒家倡导“敬畏天命”，呼吁人们对自然怀有敬畏之心，不能随心所欲，因为自然界有其独特的规律，人类应当遵循这些规律行事，否则将面临惩罚。儒家主张“知天命”，强调人应该

① 萧圣中．四书五经详解 周易[M]．北京：金盾出版社，2009．

② 孟子．孟子[M]．长春：吉林文史出版社，2001．

了解天的变化，顺应天地之长，以获得生存发展空间，要求人们深刻领悟自然法则，推崇人与自然和谐相处的生活方式。也就是说，唯有洞悉天人之间的相互关系，方能聆听自然界的呼唤，从而达到一种超越常规的境界。“知天命”是一个人能够顺应天地变化而生存发展的重要保证。由此观之，中华文明蕴藏着极为丰富的生态文明理念和思维，它是我们今天建设生态文明社会的历史哲学基础。

第二章　生态文明建设思想与具体内容

本章主要对生态文明建设思想与具体内容进行简单的介绍，进行介绍的方面包括习近平生态文明思想、生态农业发展、生态服务业发展、生态科技发展。

第一节　习近平生态文明思想

一、习近平生态文明思想概述

（一）习近平生态文明思想的产生

党的十八大以来，习近平总书记创造性地提出了一系列新理念、新思想、新战略，在卓越的理论创新和重大成就的厚实基础上，水到渠成，诞生了系统科学、逻辑严密的习近平生态文明思想。我国生态文明建设和生态环境保护从认识到实践之所以发生了历史性变革，取得了历史性成就，正是因为习近平生态文明思想的科学指引。

习近平总书记为生态文明建设倾注了巨大心血，他的足迹遍布大江南北，他对各地的生态环境情况都了然于心。福建是习近平生态文明思想的重要孕育地之一。习近平在福建工作长达 17 年半，他先后任职于厦门、宁德、福州和省委、省政府。习近平高度重视生态环境保护和可持续发展，深入开展调查研究，提出了一系列符合科学发展规律、具有战略性和前瞻性的生态文明建设理念、思路和重大决策部署，为福建的发展打下了坚实基础。习近平把林业摆在福建山区脱贫致富的战略地位，在全国率先开展集体林权制度改革；他倡导经济社会在资源的永续利用中良性发展，在全国率先谋划“生态省”的建设。习近平主持编制的《福建生态省建设总体规划纲要》系统谋划了福建生态效益型经济发展的目标、任务和举措。这些重要论述深刻体现了他对生态生产力的独特认识，包含生态优先、绿色发展的理念，体现了“山水林田湖草是生命共同体”的系统性思维。他到中央工作后，更是关心生态文明建设工作。

从实践中萌发并不断丰富发展的习近平生态文明思想，不仅为建设美丽中国提供指引，还跨越山和海，推动中国成为全球生态文明建设的重要参与者、贡献者、引领者。早在2003年，时任浙江省委书记的习近平，就深入调研、亲自擘画，在浙江亲自推动“千村示范、万村整治”工程。经过15年努力，2018年9月26日，联合国将年度“地球卫士奖”中的“激励与行动奖”颁给这项工程，这标志着“千万工程”从中国农村走向世界。

2018年5月18日至19日召开的全国生态环境保护大会，是我国生态文明建设史上一次十分重要的会议，习近平总书记在大会上发表重要讲话，深入分析我国生态文明建设面临的形势和要完成的任务，深刻阐述加强生态文明建设的重大意义、重要原则，对全面加强党对生态文明建设的领导、坚决打好污染防治攻坚战做出了全面部署。这篇重要讲话全面、系统地概括了习近平生态文明思想。

（二）习近平生态文明思想的地位

①习近平生态文明思想实现了生态文明建设与坚持中国特色社会主义的有机统一。

生态文明建设是中国特色社会主义事业的重要内容。中国特色社会主义进入新时代，我国社会的主要矛盾已经转化为人民日益增长的美好生活需要和不平衡不充分发展之间的矛盾。人们对物质文化的需求达到了更高的层次，对环境保护、生态安全等方面的要求也日益提高。在党的十八大报告中，习近平总书记在对“五位一体”总体布局重要内容的有关论述中，把生态文明建设与坚持中国特色社会主义有机统一起来，并在党的十八届五中全会上将绿色发展纳入五大发展理念，要求建立健全社会主义生态文明体系，勾勒出从目标到原则到行动的路线图。这些都是他对中国特色社会主义理论体系的重要贡献。党的十八大以来，习近平总书记围绕“为什么要建设社会主义生态文明、建设什么样的社会主义生态文明、如何建设社会主义生态文明”发表了系列重要讲话。这一系列重要讲话科学地回答了当代中国建设社会主义生态文明的终极价值取向、基本理念、基本思路、突破重点、制度保障、主体力量、国际合作等重大现实问题，是中国特色社会主义理论体系的重要组成部分。习近平总书记在党的十九大报告中，明确提出了“要创造更多物质财富和精神财富以满足人民日益增长的美好生活需要，也要提供更多优质生态产品以满足人民日益增长的优美生态环境需要”的要求，使全国人民真正树立起对中国特色社会主义的自信，其意义深远，作用巨大。习近平生态文明思想是中国特色社会主义生态文明建设理论的新发展，具有鲜明的时代特征和中国特色，体现着辩证唯物主义的精神，丰富了中国特色社会主义生态文明建设理论，为建设美丽中国，实现中华民族永续发展提供了科学指南。

②习近平生态文明思想是对马克思主义人与自然关系思想的历史性贡献。

习近平生态文明思想实现了对人类文明发展规律的再认识，是人类社会发展史、文明演进史上具有里程碑意义的大理念、大哲学，是对马克思主义人与自然关系思想的历史性贡献。第一，习近平生态文明思想丰富并发展了马克思主义自然观。马克思和恩格斯强调自然、环境具有客观性和先在性，人们对客观世界的改造，必须建立在尊重自然规律的基础之上。习近平生态文明理念，是对马克思主义关于人与自然关系理论的继承和发展。第二，习近平生态文明思想丰富并发展了马克思主义生产力理论。生产力是一切社会发展的最终决定力量。马克思指出，自然界不仅是劳动者的生命力、劳动力和创造力的最终源泉，而且是“一切劳动资料和劳动对象的第一源泉”。习近平总书记在参加十二届全国人大三次会议江西代表团审议时提出的“牢固树立保护生态环境就是保护生产力、改善生态环境就是发展生产力”的理念，把自然生态环境纳入生产力范畴，深刻阐明了生态环境与生产力之间的关系，揭示了生态环境作为生产力内在属性的重要地位，丰富并发展了马克思主义生产力理论。第三，习近平生态文明思想深刻揭示了人类文明发展规律。人类社会的发展史，从根本上来说就是人类文明的演进史、人与自然的关系史。他指出，“生态兴则文明兴，生态衰则文明衰”。[①] 习近平生态文明思想深刻揭示了人类文明发展规律，明确界定了生态文明的历史阶段。生态文明是相较于工业文明更高级别的文明形态，符合人类文明演进的客观规律。

③习近平生态文明思想是构建人类命运共同体的重要组成部分。

面对世界的复杂形势和全球性问题，生态文明建设也不再是单纯的一国问题。习近平总书记强调，“国际社会日益成为一个你中有我、我中有你的命运共同体”。[②] 习近平总书记洞察人类和地球的古今之变，审慎思考中国和全体人类的未来，汲取众多先哲时贤的智慧，提出“构建人类命运共同体”的伟大命题和响亮倡议，力图为解决这些重大国际问题作出贡献。他在各种国际外交场合和国内重要会议中多次对人类命运共同体理念进行了详细阐释，并用这一重要理念向世界传递对人类文明走向的中国判断。习近平生态文明思想，在中国特色社会主义建设伟大实践的基础上，充分挖掘中国传统文化的独特优势，汲取人类文明发展

① 关雯文．新发展理念的人本意蕴及意义指向[M]．南京：东南大学出版社，2021.

② 赵青云．印迹[M]．北京：东方出版社，2021.

的各类成果，运用并深化了马克思主义理论，不但使其在中国大地落地生根，而且在全球范围内共同构筑尊崇自然、绿色发展的生态体系，中国始终做世界和平的建设者、全球发展的贡献者、国际秩序的维护者。

习近平生态文明思想以其鲜明的全球视野和开放品格揭示出了工业文明社会发展到一定阶段后人类社会必然走向生态文明共同体的特殊运行规律，彰显了生态文明的共同体责任。考虑到人类与生态环境之间的相互作用，农业文明所追求的核心在于解决生存问题，并将其转化为生活共同体的形式；工业文明的共同体以财富为追求核心，体现为共享利益的社群；生态文明的共同体则强调人与自然和谐共生，核心是可持续发展共同体。由于生态系统的不可分割性和生态后果的不分界性，生态文明共同体成为人类命运共同体的真实体现。生态文明是人类文明的新境界，也是人类文明发展的最高形态。在人类命运共同体时代，生态文明已成为主导文明的核心，生态文明将成为新时代的主流文化形态。习近平生态文明思想，为当代中国和世界文明的发展注入了独特的力量。

以生态文明推动人类命运共同体建设，主要表现在三个方面。一是生态文明的变迁决定了社会政治经济制度的变迁。农业文明催生封建主义，工业文明促进资本主义崛起，生态文明则会推动社会主义全面发展。建设社会主义生态文明是对人类文明观的一种超越，有利于在不同制度背景中实现环境公平，让社会主义在全球可持续发展运动中发挥引领作用，落实人类命运共同体建设的绿色实验。二是生态文明赋予了人类共同价值的重要意义。生态文明作为人类社会介于传统和现代之间稳定身心的一种文明，是全球范围内各种文明、各种宗教和各种意识形态的“最大公约数”，能够为人类共同价值的实现提供重要意义。三是以生态文明为舞台讲述“中国故事”。从生态文明的视角切入，传播中华文明“包容”“和合”理念，阐明中国崛起是绿色崛起、和平崛起的历史基因，即在经济全球化时代，我国通过国际分工来缓和能源和资源的紧张状况，同时又以和平、正义和符合多边贸易规则等途径来获得能源和资源。

以习近平生态文明思想为指导的中国特色社会主义生态文明建设为构建人类命运共同体开辟了一条理想实验通道，为人民谋幸福，为世界谋大同，为人类文明可持续繁荣发展做出了积极贡献。

④习近平生态文明思想是新时代推进中国与世界生态文明建设的重要指引。

20 世纪 60 年代以来，世界范围内的环境污染与生态破坏日益严重，滥伐森林、水土流失、臭氧层破坏、全球气候变暖等现象，昭示着保护环境的必要性。作为负责任的大国，中国高度重视生态文明建设和环境保护，积极履行国际职责和义务。习近平总书记把中国追求“绿水青山”与践行大国责任紧密联系起来，提出的“绿水青山就是金山银山”理论已成为当代中国乃至世界的发展共识。2017 年，习近平总书记在党的十九大报告中提出“坚持节约资源和保护环境的基本国策”。2018 年，习近平总书记在全国生态环境保护大会上，提出要加快形成节约资源和保护环境的空间格局、产业结构、生产方式、生活方式。这些重要思想，都为新时代推进中国与世界生态文明建设提供了重要指引。

⑤习近平生态文明思想是民生情怀的炽热体现。

党的十八大以来，习近平总书记站在谋求中华民族长远发展、实现人民福祉的战略高度，围绕建设美丽中国、推动社会主义生态环境保护全局性发展，提出了一系列新思想、新论断、新举措，大力促进实现经济社会发展与生态环境保护相协调，开辟了人与自然和谐发展新境界。习近平总书记在党的十九大报告中指出，“生态文明建设功在当代、利在千秋”。习近平生态文明思想是站在人类发展命运的立场上做出的战略判断和总体部署，体现了炽热的民生情怀。建设生态文明，是民意，也是民生。早在 2001 年，时任福建省省长的习近平，就将集体林权制度改革作为一项重大民生工程对其给予了特别关注。他到武平县调研后，做出了“集体林权制度改革要像家庭联产承包责任制那样从山下转向山上”的历史性决定。如今，这项被誉为“我国农村第三次土地革命”的改革已将 27 亿亩山林承包到户，为 5 亿农民带来福祉。民之所望，施政所向。当前，在习近平生态文明思想的指导下，全国人民一定能够完成建设生态文明、建设美丽中国的战略任务，给子孙留下天蓝、草绿、水净的美好家园，赢得永续发展的美好未来。

二、习近平生态文明思想的深刻内涵

2018 年 5 月 18 日至 19 日全国生态环境保护大会在北京召开。这次大会确立了习近平生态文明思想，这是具有标志性、创新性、战略性的重大理论成果，是新时代生态文明建设的根本遵循与最高准则，为推动生态文明建设、加强生态环境保护提供了思想指引和行动指南。2018 年 5 月 18 日习近平总书记在大会上的讲话，是集中展现这一思想主要理论成果的标志性文献。习近平生态文明思想的内涵十分丰富，集中体现了以下“八个观”。

（一）生态兴则文明兴、生态衰则文明衰的深邃历史观

建设生态文明，具体需要落实到生产方式、生活方式和价值观念的变革中，这事关人民幸福、事关民族未来。2018 年全国生态环境保护大会上习近平总书记

强调："建设生态文明是事关中华民族永续发展根本大计。"可见，生态文明建设被赋予新的历史地位。这次讲话，必将促进整个社会对于生态文明建设战略地位认识的历史转变。中华民族历来尊重自然、热爱自然，中华文明延续了5000余年，孕育了丰厚的生态文化。不管是在世界范围内，还是在中华民族文明发展史上，生态环境变化直接关系到文明兴衰演替。

我们必须坚持节约资源和保护环境的基本国策，坚定走生产发展、生活富裕、生态良好的文明发展道路，为中华民族永续发展打好根基，为子孙后代留下天蓝、地绿、水净的美好家园。习近平总书记已经清醒地看到人与自然和人与人的关系是如何互相叠加和促动的，不仅应该在人对自然的认识和价值关系中找寻生态危机的根源，更应该在立体的、纵横交错的人和人的社会关系中去找寻。"生态兴则文明兴，生态衰则文明衰"破解了如何在人与人的社会关系中化解人与自然博弈的非合作性问题，表明了习近平生态文明思想是基于历史视域、深入生态环境问题的历史本质性形成的深邃历史观。

党的十八大以来，我国开展一系列根本性、开创性、长远性工作，加快推进了生态文明顶层设计和制度体系建设，加强法治建设，建立并实施中央环境保护督察制度，大力推动绿色发展，深入实施大气、水、土壤污染防治三大行动计划，率先发布《中国落实2030年可持续发展议程国别方案》，实施《国家应对气候变化规划（2014—2020年）》，推动生态环境保护发生历史性、转折性、全局性变化。

习近平总书记在全国生态环境保护大会上提出了到2035年、到21世纪中叶美丽中国的建设蓝图：确保到2035年，我国生态环境质量实现根本好转，美丽中国目标基本实现。到21世纪中叶，物质文明、政治文明、精神文明、社会文明、生态文明全面提升，绿色发展方式和生活方式全面形成，人与自然和谐共生，生态环境领域国家治理体系和治理能力现代化全面实现，建成美丽中国。这是一个联结历史与现实，中国经历的最大规模、最为深刻的生态文明变革，是中国社会向生态文明社会全面转型的明确的"时间表"。

（二）坚持人与自然和谐共生的科学自然观

人与自然是一个生命共同体。二者的辩证关系构成了人类发展的永恒主题。人类在发展活动中一定要尊重自然、顺应自然和保护自然，不然就要受到自然的惩罚，这一法则是任何人都不能抗衡的。人生于自然，人与自然共生共荣，危害自然终将危害人本身。人类只有顺应自然规律，才能有效地防止开发利用自然之路走偏。

习近平总书记在党的十九大报告中，明确把“坚持人与自然和谐共生”纳入新时代坚持和发展中国特色社会主义的基本方略。生态文明建设是人与自然和谐共生的反映，显示了一个国家的发展程度和文明程度。习近平生态文明思想顺应了社会发展规律，是关于人、自然、社会辩证统一的思想，是对人与自然和谐共生的科学自然观的极大丰富和发展。

（三）绿水青山就是金山银山的绿色发展观

习近平总书记指出，“我们既要绿水青山，也要金山银山。宁要绿水青山，不要金山银山，而且绿水青山就是金山银山”①。“绿水青山就是金山银山”的绿色发展观，深刻揭示了保护生态环境就是保护生产力、改善生态环境就是发展生产力的本质，进一步阐明了生态环境保护与经济社会发展之间的辩证统一关系。生态文明建设是中国发展史上的一场深刻变革。“绿水青山”即生态环境是生产力的基础要素。生产力既取决于资本和劳动等生产要素，也取决于科学技术，还取决于生态环境。人类创造社会财富的能力不仅取决于直接提供生态产品的生态环境，更取决于其对生态系统的影响和决策。“绿水青山”所蕴含的自然、生态、社会和经济价值，皆为人类智慧的结晶。只有把创造社会财富和保护生态环境结合起来，才能真正体现出绿色发展观的生态效益、社会效益和经济效益。维护生态系统的完整性，既包括保护自然资源的价值，也包括保护经济社会发展的潜力，同时，破坏生态环境也意味着自毁发展的前景。我国正处于工业化、城镇化快速发展的阶段，资源环境约束趋紧。因此，我们必须确立并贯彻全新的发展理念，平衡发展和保护之间的关系，促进自身绿色发展观念和绿色生活方式的形成，以实现经济社会发展和生态环境保护的协同共进。

（四）山水林田湖草是生命共同体的整体系统观

山水林田湖草是生命共同体的整体系统观，是习近平生态文明思想的重要组成部分，它的核心是突出“共同体”，强调了对自然生态系统的统筹治理。生态是统一的自然系统，是相互依存、紧密联系的有机链条。山水林田湖是一个生命共同体，人的命脉在田，田的命脉在水，水的命脉在山，山的命脉在土，土的命脉在林和草。山水林田湖草的用途管制和生态修复必须遵循自然规律，如果种树的只管种树、治水的只管治水、护田的单纯护田，很容易顾此失彼，最终造成生态的系统性破坏。因此，要结合生态系统的整体性、系统性特征及其内在规律，

① 徐斌．百年大党的关键抉择[M]．北京：北京联合出版公司，2022．

统筹考虑自然生态各要素，山上山下、地上地下、陆地海洋及流域上下游都要进行整体保护、宏观管控、综合治理，全方位、全地域、全过程开展生态文明建设，增强生态系统循环能力，维护生态平衡。

（五）良好生态环境是最普惠的民生福祉的基本民生观

习近平生态文明思想回应了人民对提高生态环境质量的热切期盼，体现了良好生态环境是最普惠的民生福祉的基本民生观。环境就是民生，青山就是美丽，蓝天就是幸福。中国特色社会主义进入新时代，我国社会主要矛盾已经转化为人民日益增长的美好生活需要和不平衡不充分的发展之间的矛盾。从过去的“盼温饱”“求生存”到现在的“盼环保”“讲生态”，人民群众不仅对物质文化生活提出了更高要求，而且对环境等方面的要求日益提高。人民群众期盼享有更优美的环境。坚持以人民为中心的习近平生态文明思想，在继续推动发展的基础上，始终坚持生态惠民、生态利民、生态为民，重点解决损害群众健康的突出环境问题，还老百姓蓝天白云、繁星闪烁、清水绿岸、鱼翔浅底、鸟语花香，不断满足人民群众日益增长的优美生态环境需要。

（六）用最严格制度保护生态环境的严密法治观

制度具有全局性、稳定性的特点，能够管根本、管长远。利用制度保护生态环境，必须以法律法规为基础，推进深化改革和创新，从法律法规、标准体系、体制机制以及重大制度安排入手进行总体部署，使生态文明建设进入法律化、制度化的轨道。在十八届中央政治局第四十一次集体学习时习近平总书记指出，“推动绿色发展，建设生态文明，重在建章立制，用最严格的制度、最严密的法治保护生态环境，健全自然资源资产管理体制，加强自然资源和生态环境监管，推进环境保护督察，落实生态环境损害赔偿制度，完善环境保护公众参与制度”。因此，在生态环境保护问题上，不能越雷池一步，否则就应该受到制度的惩罚。为了确保生态文明制度的严谨性，必须采取源头严防、过程严管、后果严惩的措施，建立一个产权清晰、多元参与、激励约束并重、系统完整的生态文明制度体系，并建立有效的约束开发行为和促进绿色发展、循环发展、低碳发展的生态文明法律体系，以确保制度成为不可触碰的高压线。

（七）全社会共同建设美丽中国的全民行动观

美丽中国是人民群众共同参与、共同建设、共同享有的。习近平总书记多次提出，全社会共同建设美丽中国，他指出，全社会都要按照党的十八大提出的建设美丽中国的要求，切实增强生态意识，切实加强生态环境保护，把我国建设成为生态环境良好的国家。他还指出，要坚持全国动员、全民动手植树造林，努力把建设美丽中国化为人民自觉行动。在环境问题上，全社会每个成员责无旁贷，改善生态环境、建设美丽中国，每一个人都需要出力。必须加强生态文明宣传教育，强化公民环境意识，推动形成简约适度、绿色低碳、文明健康的生活方式和消费模式，促使人们从意识向意愿转变，从抱怨向行动转变，以行动促进认识提升，知行合一，把建设美丽中国转化为全民的自觉行动。

（八）共谋全球生态文明建设之路的共赢全球观

人类是命运共同体，建设绿色家园是人类的共同梦想。树立全球生态文明建设之路的共赢全球观，是习近平生态文明思想的重要组成部分。它的核心是突出“共同体”，强调生态文明建设已成为全球共同面对的问题，推动全球生态文明建设是构建人类命运共同体的一个重要方面。因此，保护自然生态的生命共同体，既是人类共同的利益，也是人类共同的责任。当前，世界经济一体化导致了人类对自然资源的过度利用及对生态环境的污染破坏。面对生态危机、环境危机这种全球性挑战，没有哪个国家可以置身事外、独善其身。虽然当今世界存在着不同利益群体、不同宗教信仰、不同意识形态与不同社会制度，但生态文明会让世界各国共谋人类共同的未来。世界各国通过深度参与全球环境治理，寻找世界环境保护和可持续发展的解决方案，引导应对气候变化国际合作，推动构筑尊崇自然、绿色发展的生态体系，保护好人类赖以生存的地球家园。

三、习近平生态文明思想的时代价值

（一）马克思主义生态思想中国化的新成果

习近平总书记在纪念马克思诞辰 200 周年大会上的讲话中指出，学习马克思，就要学习和实践马克思主义关于人与自然关系的思想……动员全社会力量推进生态文明建设，共建美丽中国，让人民群众在绿水青山中共享自然之美、生命之美、生活之美，走出一条生产发展、生活富裕、生态良好的文明发展道路。[①] 中国特色社会主义开创的文明发展道路，是包括生态文明和奔向生态文明的道路，指导这一文明发展道路创新的是习近平生态文明思想，这一思想是坚持以马克思主义关于人与自然关系思想为指导的马克思主义中国化的新领域与新成果。

① 郝彤．思想建党 [M]. 北京：人民日报出版社，2021.

（二）对人类社会发展规律的深刻揭示

中国共产党高度重视理论研究、实践探索和经验总结，致力于打造一个以先进理论为武器的政党。在人类工业化的进程中，人类之所以面临各种难题和困惑，是因为现有的思维方式未能深刻揭示人与自然之间的关系，导致人类文明的发展恶化了人类与自然之间的关系。这一历史教训不断提醒我们，背离生态的文明既脆弱又短暂。只有树立科学发展观，把社会经济发展转到依靠科技进步和提高劳动者素质的轨道上来，才能从根本上解决生态环境问题。自党的十八大以来，我国一直致力于探索新型工业化之路，坚持实现人与自然的和谐共生，将推进绿色发展方式和生活方式的转变视为一场深刻的变革，以加速形成节约资源和保护环境的空间格局、产业结构、生产方式和生活方式，为自然生态提供恢复的时间和空间。生态文明建设成为当前乃至今后相当长一段时期内党和国家工作的重中之重，并上升到国家战略层面。党的十九大明确规划的2035年和2050年的奋斗目标，提出了生态文明的内涵和要求。习近平生态文明思想体现了科学理论尊重规律、揭示规律的性质与特点，是引领我们走向高于工业文明的生态文明社会的明灯。

（三）当代生态文明建设与绿色发展的自然辩证法

习近平生态文明思想具有以下几个思维特点：

1．人民主体性思维

“良好生态环境是最公平的公共产品，是最普惠的民生福祉”“生态环境问题是利国利民利子孙后代的一项重要工作”“为子孙后代留下天蓝、草绿、水清的生产生活环境”等重要论述，[①] 把党的宗旨与人民群众对良好生态环境的现实期待、对生态文明的美好憧憬紧密结合在一起。

2．辩证思维

“我们既要绿水青山，也要金山银山。宁要绿水青山，不要金山银山，而且绿水青山就是金山银山”[②]，这些论述体现了经济发展与生态环境保护的辩证关系。

3．系统思维

“山水林田湖是一个生命共同体”，[③] 习近平总书记深刻阐明了生态文明建设的系统性和复杂性。生态文明是人类为保护和建设美好生态环境而取得的物质成

① 吴晓明，户晓坤．当代中国马克思主义哲学研究[M]．上海：上海人民出版社，2021．

② 徐斌．百年大党的关键抉择[M]．北京：北京联合出版公司，2022．

③ 陈慧．改革开放以来绿色发展的理论与实践[M]．上海：东方出版中心，2021．

果、精神成果和制度成果的总和，而生态文明建设是贯穿经济建设、政治建设、文化建设、社会建设全过程和各方面的系统工程，单独从某一个或几个方面推进，难以从根本上解决问题。

4. 底线思维

"要牢固树立生态红线的观念""在生态环境保护问题上，就是要不能越雷池一步，否则就应该受到惩罚"。[①] 生态文明建设要以底线思维为指导，设定并严守资源消耗上限、环境质量底线、生态保护红线，将各类开发活动限制在资源环境承载能力之内。

（四）推动人类社会发展的中国智慧与中国经验

在工业化的发展理念与发展方式中，实现人与自然和谐共生是一个世界性的难题，更是一个必须解决好的问题。相比而言，工业化程度不高，正处于工业化进程加速推进关键阶段的中国，更加重视将工业化与生态文明结合起来，开辟新型工业化道路。习近平总书记基于对马克思主义理论的深刻把握和对人类历史发展规律的深刻理解以及长期以来中国特色社会主义现代化建设的伟大实践，提出了社会主义生态文明观。党的十九大报告明确提出，要构建人类命运共同体，建设持久和平、普遍安全、共同繁荣、开放包容、清洁美丽的世界。这彰显的习近平生态文明思想具有中国特色、战略眼光和世界价值。在世界的生态环境保护、气候变化等领域，习近平生态文明思想得到了广泛响应，产生了重大影响；在世界生态文明理论体系中，这一思想正在形成自己的学术体系、学科体系和话语体系，彰显出独特的中国智慧和中国经验。

第二节　生态农业发展

一、生态农业与传统农业

（一）生态农业与传统农业的含义

生态农业是以保护和改善农业生态环境为目标、以生态学与生态经济学规律为指导、以系统工程方法和现代科学技术为手段、以集约化经营为特征的一种农

① 本书编写组．学党章党规 学系列讲话 做合格党员[M]．北京：人民出版社，2016．

业发展模式。概括来讲，生态农业就是把农业生态系统与农业经济系统有机地结合在一起，从而获得最佳生态经济效益的农业生态经济复合性体系。这是一种集“农、林、牧、副、渔”各业于一体的大农业，也是一种集“农业生产、加工、销售”于一体，与市场经济发展相适应，能够取得经济、生态、社会效益的现代化农业。

生态农业根据环境与经济协调发展的指导思想，遵循农业生态系统“物种共生、物质循环、能量多层次利用”的生态学原理，因地制宜地把现代科学技术同传统农业技术结合起来，充分利用地区资源优势，贯彻“整体、协调、循环、再生”的原则，采用系统工程方法综合规划，合理安排农业生产，以实现农业的高产、优质、高效、可持续发展，实现生态与经济两大体系的良性循环与经济、生态、社会效益的统一。

传统农业属于自然经济，主要将人力、畜力和手工工具等作为劳动手段，同时依靠祖祖辈辈积累的传统经验，具有鲜明的自给自足和精耕细作特征。此外，传统农业的部门结构比较单一，生产规模不大，经营管理与生产技术落后，抗御自然灾害能力较差，农业生态系统效能不高，商品经济比较薄弱，尚未形成地域分工生产。

我国是一个有着悠久历史的农业大国，一直重视精耕细作，注重增施有机肥，兴农田、修水利，以轮作、复种为主要耕作方式，农牧结合，并种植大量的豆科作物和绿肥作物。传统农业从粗放经营逐渐向精耕细作过渡，从完全放牧向舍饲过渡或者放牧、舍饲结合。生态农业相较于原始农业和传统农业在利用、改造自然及生产力方面均具有显著优势。此外，传统农业以低能耗、低污染的特点，在当今时代依然得到重视。在大力发展现代农业的今天，我们仍然要学习传统农业的可持续发展经验，逐步走出一条生态农业发展之路，打造优质、高产、低耗的农业生态系统，促进农业生产质量与生产水平的提升。

生态农业起源于1924年的欧洲，20世纪30年代至40年代在瑞士、英国和日本等国家发展起来。英国是开展有机农业试验与生产比较早的一个国家。自从英国农学家霍华德在20世纪30年代初提出“有机农业”的概念，并组织有机农业试验、推广以来，有机农业便在英国得到广泛发展。在美国，罗代尔最早针对有机农业展开实践，他于1942年创办了第一家有机农场。欧洲的传统耕作在20世纪60年代开始向生态耕作过渡。20世纪70年代后期，东南亚地区开始研究生态农业。20世纪90年代，全球的生态农业得到长足发展。

在生态学理论和系统工程方法的指导下，生态农业坚持将开发农业资源与保护生态环境相结合，因地制宜，有计划、有步骤地开展农业生产活动。生态农业旨在对农业生态系统内的物质进行循环利用，用尽可能少的投入取得尽可能大的产出，以获得生产发展、能源再利用、生态环境保护与经济效益统一的综合效果，从而使农业生产走上良性循环。

生态农业与一般农业有较大区别。生态农业通过适度使用化肥及低毒高效农药，突破传统农业的局限性，同时继续沿用精耕细作模式，合理增施有机肥及实施间作套种。生态农业不仅是集有机农业和无机农业于一体的综合体，更是一个高效复杂的人工生态系统和先进的农业生产系统。

生态农业是在资源永续利用及生态环境保护的重要前提下进行农业生产的，是按照生物对环境的适应、物种的优化组合、能量物质的高效率运转及输入输出平衡的原则，应用系统工程的方法，结合现代科学技术及社会经济信息来进行农业生产的。以食物链网络化和农业废弃物资源化为手段，充分挖掘资源潜力，发挥物种多样性优势，构建良性物质循环体系，推动农业可持续发展，使经济、社会与生态效益相统一，打造生态农业可持续发展之路，这已经成为当今世界发展农业的普遍选择。

（二）生态农业的重要特征

1．综合性

生态农业是由农、林、牧、副、渔等组成的多成分、多层次复合农业系统，是在生态经济系统原理指导下建立的集资源、环境、效率和效益于一体的综合性农业生产体系。生态农业注重发挥农业生态系统的作用，强调以大农业为出发点，遵循“整体、协调、循环、再生”的原则，全面规划、调整和优化农业结构，实现农、林、牧、副、渔各业和农村一、二、三产业的综合发展，提高生态农业综合生产能力。

生态农业重视系统的整体功能，对农业生态系统和生产经济系统内部各要素按生态和经济规律的要求进行调控，要求农、林、牧、副、渔各业组成综合经营体系，并要求各要素和子系统之间协调发展。这包括生物与环境之间，生物物种之间，区域内的森林、农田、水域、草地之间，以及经济、技术与生物之间的协调发展。例如，中国于20世纪70年代推行了粮食与豆类轮作、混种牧草和混合放牧、增施有机肥、使用生物防治和少耕免耕及减少化肥、农药和机械投入的技术；20世纪80年代开创稻田养鱼、林粮、林果、林药间作的生态农业模式，农林牧相结合、粮桑渔畜相结合、种养加相结合的复合生态系统模式，以及鸡粪喂猪、猪粪喂鱼等有机废物多级综合利用模式。

2. 高效性

生态农业与一般传统农业模式相比，具有结构复杂、功能强大、效果明显的特点。合理、优化的结构，必然产生强大、高效的功能。生态农业以物质循环、能量多层次综合利用及系列化深加工等方式，促进生态农业经济增长；推行废弃物资源化利用，促使生态农业经营成本下降和经济效益提高，并给广大农村剩余劳动力创造就业机会，提高农民参与生态农业建设的积极性。

在同等面积的土地（耕地）上或同等资源利用条件下，由于资源利用率高、物质转化能力强，高效生态农业能生产出种类更多、数量更高、质量更优的农产品。农业生态系统结构、组成的多样性，能提高空间和光能利用率，有利于物质和能量的多层次利用，增加生物生产量。物种的多样性可发挥天敌对有害生物的控制作用，使有害生物与天敌保持某种数量平衡，从而减少化学药剂的使用，降低生产成本，提高产品质量，提高整个系统的抗逆能力，抵御不良条件的侵袭，并且能增强农业生态系统的自我调节能力，以维持整个体系的稳定性、产品的多样化，提高经济效益。生态农业生产过程中强调生物养地、生态减灾，强调节肥减药、清洁生产，因此，生态农业的生产过程实际上是农业生态环境的改善过程、优化过程。同时，发展生态农业需要采取一系列清洁生产的技术措施，以利于改善和优化生态环境。

3. 多样性

针对各地自然条件、资源基础、经济与社会发展水平差异较大的情况，生态农业从传统农业中汲取经验，充分利用现代科学技术，采用多种生态模式、生态工程技术，为农业生产提供有力保障，推动各地区有效发挥农业区位优势，符合区域实际生产需求。生态农业通过对农村的自然—社会—经济复合生态系统结构进行改造和调整，并采取有效的措施，使水、热、光、气候与土壤等自然资源及生产过程中的各种副产品和废弃物得到多层次、多途径的合理利用，减少化肥和农药的用量，逐步恢复和提高土壤的肥力，使水土得以保持，污染得到控制。因此，生态农业既合理地利用了自然资源，增加了物质财富和经济效益，也逐步提高了农村生态环境的质量。

4. 持续性

生态农业是一种结构合理、功能强大的农业发展模式。生态农业不仅经济效益高，而且社会效益好、生态效益佳。生态农业生产出来的农产品不仅质量优良，而且具有营养价值和保健作用。推进生态农业的发展，有助于保护和改善生态环境，预防和治理生态污染，维持生态发展平衡，保证农产品生产安全，促进农业农村经济可持续发展，实现环境与经济协调发展，最大限度地满足人们对农产品的多样化需求，增强生态系统的稳定性，为农业发展注入新的动力。因此，生态农业是一种综合效益好、深受国内外欢迎、可持续发展的新型现代农业发展模式。

二、生态农业模式类型

（一）生态农业模式的含义

生态农业模式是一种在农业生产实践中形成的兼顾农业的经济效益、社会效益和生态效益，结构和功能都得到优化的农业生态系统。早在 2002 年，我国农业农村部就开始面向全国遴选生态农业模式和生态农业技术体系，旨在实现生态农业可持续发展。最终，经过专家的反复研讨和筛选，确定了十种典型的生态模式和配套技术，并将其正式列为农业农村部的重点工作。

这十大典型生态模式和配套技术是北方“四位一体”生态模式及配套技术、南方“猪—沼—果”生态模式及配套技术、平原农林牧复合生态模式及配套技术、草地生态恢复与持续利用生态模式及配套技术、生态种植模式及配套技术、生态畜牧业生产模式及配套技术、生态渔业模式及配套技术、丘陵山区小流域综合治理模式及配套技术、设施生态农业模式及配套技术、观光生态农业模式及配套技术。

中国工程院院士李文华组织国内近百位生态农业专家对中国生态农业的发展、原理、模式、技术、管理及区域生态农业等进行了全面、深入、系统的研究，认为生态农业模式主要有以下八类：农田间作、套作与轮作系统生态农业模式，农林复合系统生态农业模式，畜禽养殖生态农业模式，湿地系统生态农业模式，淡水湖泊系统生态农业模式，草地生态农业模式，以沼气为纽带的物质循环利用模式，水土保持型生态农业模式[①]。

李文华院士指出，我国人口基数大，自然条件脆弱，地域分布不均，人口增加与资源稀缺的矛盾日益突出。农业人口仍占我国人口总数很大比例，农民问题是关系到国计民生的重大问题，农业依然是国民经济的基础。这种以沼气为纽带的物质循环利用的生态农业模式，有效地解决了农民生产、生活中遇到的各种问题，既能够增产增收，又能解决资源浪费和生态环境保护问题。应大力宣传以沼气为纽带的物质循环利用模式的优点，让农民朋友真切体会到该模式带来的财富，

① 李文华．生态农业：中国可持续农业的理论与实践[M]．北京：化学工业出版社，2003.

这样更多的人就会自发地选择应用该模式。同时，从全社会的角度来看农户的社会经济行为，可以发现沼气池的建设拥有巨大的生态效益和社会效益，具体体现在保持土壤、涵养水源、改善卫生环境及替代有可能引起污染的化肥和农药等方面，更甚至是粮食安全等方面。

（二）典型的生态农业模式

在生态农业实践中，人们认识到在农业生产中生物与环境相互作用、生物与生物紧密关联、输入与输出相互影响，从而采取积极措施把原来分散操作的农业生态系统各组分重新组织成一个相互联系的整体，促进农业社会效益、经济效益和生态效益的协调发展。

1. 景观层次的农业土地利用布局——景观模式

景观模式主要涉及一个区域或者一个流域范围土地的功能区划分，包括以下几点：①在一个行政区域或者地理区域内对各农业生产项目、自然生态保护、旅游观光区、生活休闲区、工业加工区、交通运输线等进行合理布局；②在一个流域内实行水源保护，生物多样性保护，水利设施建设，以及坡地、平原、低洼地的农业高效利用的整体优化布局。

按照景观模式布局主要考虑的因素，又可将其分为五种模式：①生态安全模式，如为防治北方沙化或沿海台风侵袭的农田防护林带模式，为防治水土流失的各种坡地模式；②资源安全模式，如西北地区考虑到水资源短缺建立的集水农业模式、为保护生物多样性的自然保护区建立的串联设置模式、水源林的乔灌草结合模式等；③环境安全模式，如各种污染源阻断模式；④产业优化模式，如流域布局的“山顶戴帽、果树缠腰、平原高产、洼地鱼虾”模式；⑤环境美化模式等。

当前，休闲观光型生态农业的发展呈现出以下几个特点。①功能多。休闲观光型生态农业，既能为游客提供观光、采摘水果、体验农作、了解农民生活、享受乡村风情的机会，又能为游客提供住宿、度假、游乐等多种服务。②模式多。休闲观光型生态农业涵盖多种典型模式，如观光农园型、农业公园型、教育农园型、采摘体验型、娱乐享受型、综合配套型等，每种模式都具有独特的价值和效益。③发展快。得益于社会经济发展水平的提高，近些年来实地参观和体验生态农业园的人数逐渐上升，休闲观光型生态农业也因此开始快速发展，其效益也在大幅提升，未来的发展前景备受瞩目。

2. 生态系统层面的农业生态系统组分能物流联结——循环模式

循环模式主要涉及农业生态系统水平的能量和物质流动方式，实现物质的循环利用。根据循环系统的范围，循环模式可分为：①农田循环模式，如秸秆还田模式；②农牧循环模式，如“猪—沼—果”模式；③农村循环模式，如生活废物循环模式；④城乡循环模式，如工业废物循环模式、城市垃圾循环模式；⑤全球循环模式，如碳汇林建造模式等。桑蚕鱼塘体系是比较典型的水陆交换生产系统，也是我国南方各省农村比较多见且行之有效的生产体系。桑树通过光合作用生成有机物桑叶，桑叶喂蚕，蚕生产蚕茧和蚕丝。将桑树的掉落物、桑椹和蚕沙撒入鱼塘，经过池塘内食物链的运作，转化为鱼类等水生生物，鱼类等水生生物的排泄物及其他未被利用的有机物和底泥，其中一部分经过底栖生物的消化、分解，取出后可作混合肥料，返回桑基，培育桑树。人们可以从该体系中获得蚕丝及其制成品、食品、鱼类等水生生物以及沼气等物质，在经济效益提升和保护农业生态环境上都大有好处。

3．群落层面的生物种群结构——立体模式

立体模式主要涉及在一个生物群落中通过安置生态位互补的生物，提高辐射、养分、积温、水分等资源的利用率，形成有效抵御病、虫、草等生物逆境和水、旱、热等物理逆境的互利关系。立体模式可以根据开展生态农业建设的土地资源类型分为以下几种：①山地丘陵立体模式，如乔灌草结合的植被恢复模式、果草间作模式、橡胶和茶叶间作模式等；②农田平原立体模式，包括农田的轮间套作模式，如泡桐和小麦间作模式、玉米和大豆间作模式等；③水体立体模式，如上中下层水产品种的混养模式；④草原立体模式，如不同类型饲料植物的混种及不同食性家畜品种在草地混养或轮牧等。

在农业生态系统中，立体模式是一种基于生物种群的生物学、生态学特征的生物之间的互利共生关系，通过合理组建不同生态位置的生物种群，实现它们在系统中的精准匹配，从而达到最大限度地利用太阳能、水分和矿物质营养元素的目的，这种三维结构在时间和空间上都呈现出多序列、多层次的特点，使农业的经济效益和生态效益均达到了最佳状态。立体模式涵盖了果林立体间套模式、农田立体间套模式、水域立体养殖模式和农户庭院立体种养模式等，为农业生产提供了多元化的解决方案。

4．种群层次的生物关系安排——食物链模式

食物链模式主要涉及有食物链关系的初级生产者、次级生产者和分解者之间的搭配。根据食物链的结构可分为以下几点。①食物链延伸模式，如利用秸秆和粪便生产食用菌、蚯蚓、蝇蛆、沼气等；与农业废弃物利用有关的腐生食物链模式；为有害生物综合防治而建立的取食、寄生、捕食等食物链模式。②食物链阻

断模式，如当污染出现时，为阻断污染物的食物链浓缩，须打断食物链联系，在农田生产中可采用种植花卉、用材林、草坪等非食物生产模式，在水体中可采用养殖观赏鱼类的生产模式。

食物链模式以农业生态系统的能量流动和物质循环规律为基础，它由种植与养殖两个子系统组成。在农业生态系统中，一个生产环节的产出与另一个生产环节的投入相互关联，从而实现了废弃物的多次循环利用，提高了能量转换率和资源利用率，获得了显著的经济效益，同时有效地避免了农业废弃物对农业生态环境的污染。该模式涵盖了种植业内部物质循环利用、养殖业内部物质循环利用，以及种养、加工三结合的物质循环利用等多个方面。

总之，生态农业的本质就是将农业现代化纳入生态合理性的轨道，实现农业可持续发展的一种农业生产方式。在挖掘区域资源潜力的基础上，生态农业致力于开发农业主导产业，并通过多样化的农业生物种群和农业产业，实现绿色植被面积的最大化，从而高效、合理地利用水土资源，减少废弃物的产生，促进物质的良性循环，最终实现经济、环境效益的同步增长和资源的可持续利用。

三、生态农业绿色发展

（一）生态农业绿色发展的重要意义

1. 恪守农产品质量安全底线的客观需要

水土资源和环境条件是影响农产品质量安全的主要因素。农业生产不能仅以提高产量为目标，更要以提高质量为目标，即保障农产品的生产产量和生产品质，而要想实现这一目标，就必须结合绿色农业发展理念，将农产品的种植、养殖、加工、包装、运输和销售等各个环节纳入绿色生产的管理范畴，从源头上解决农产品污染问题。在绿色农业生产的整个环节中，最关键的一环就是生产过程的控制和产品的流通。在开始生产之前，必须确保生产环境的质量达到最高标准，同时还要注重对投入品的控制和监管。在生产过程中，必须对投入品进行严格的管控，制定严格的质量标准与操作规程，确保农产品无污染或者是低残留。在农产品进入市场前必须进行严格检验，确保产品符合相关规定。通过建立全面的农产品生产基地、加工厂、包装基地和物流团队，农产品生产企业可以申请绿色食品标志认证，并建立自己的绿色农产品专卖产业链，从而打通绿色农产品产销链，为农产品的质量和安全提供更加有力的保障。

2. 带动先进农业生产技术体系化建设

推进绿色农业生产先进技术体系化建设并实现向绿色农业产业转型升级，是我国农业产业走向世界、迎接国外先进技术挑战、确保我国农业可持续发展的必然选择。因此，在现代农业生产过程中推广绿色农业生产技术就显得尤为重要。随着我国城乡居民生活水平的不断提升，人们对于物质品质的追求也在不断提升，因此我们需要提供更加优质的农产品。

3. 有利于水土资源的改善及环境质量的提升

当前，农业生产所依赖的水土资源和生态环境正在遭受工业生产的污染。同时，在农业生产过程中，由于人们大量使用杀虫剂、除草剂、化肥等化学药剂，严重影响了水土资源质量和环境资源质量。受水土污染的影响，我国农业产品的品质降低。因此，现代农业生产的内在需求在于实现农业生产的绿色化转型，从而有效遏制水土资源污染的进一步恶化。

4. 有利于提升农产品国际市场竞争力

结合我国农产品出口的相关数据信息可以看出，我国农产品在国际农产品中的竞争优势有所减弱。此外，我国农产品面临着异常苛刻的绿色贸易壁垒，这就导致我国每年有相当一部分的出口农产品，由于达不到进口国标准而被退货。为此，我国需要以绿色生产转型来发挥农产品在国际农产品中的竞争优势。

（二）生态农业绿色发展中的主要问题

1. 理论基础不扎实

生态农业属于相对复杂的系统工程，发展生态农业必须建立在扎实的理论基础上，依靠农学、林学、畜牧学、水产养殖、生态学、资源科学、环境科学、加工技术和社会科学等多学科的支撑。传统的针对生态农业的研究，往往集中在一门学科上，这就会导致研究人员对某一成分有更深刻的认识，而对成分间的相互作用所知甚少的现象出现。

目前我国在生态农业理论上还有很多方面尚未进行很好的研究和总结，许多生态农业技术模式仍处于经验水平。例如，生态农业定义的科学表述方面、生态农业基本理论体系方面、生态农业研究方法论方面、生态农业模式的物流和能流过程与内在机理方面、生态农业模式分类方面、生态农业模式结构优化与规划设计方面、生态农业的价值评估体系和评价方法方面、生态农业标准方面、生态农业的产业化问题、不同层次的生态农业模式之间的尺度转换问题及生态农业模式的空间分布与动态演变规律等方面。

为此，我国有必要进一步用系统的观点更深入地研究生态农业，尤其是各要素间的耦合规律、结构的优化设计、科学的分类体系和客观的评价方法。这类研究应以深入考察和分析已有的生态农业模式为前提，跨越生物学、生态学、社会科学及经济学等学科的边界，多学科交叉融合，多学科专家参加，有一定的生态农业理论体系。

2. 技术体系不完善

许多地方在发展生态农业时，重视模式的物种结构搭配，而对模式结构组分之间适宜的比例参数、各个环节的关键配套技术不太重视，导致技术体系不够完善。目前，生态农业的一些关键技术，如病虫害防治、土壤肥力培育、生物多样性等，仍未有较大的突破，真正过硬的生态农业技术并不多，出现“技术疲软”的局面。同时，在生态农业发展过程中，很多人常常只重视传统生态农业技术如间作套种技术、沼气技术等的使用，轻视甚至抵制现代科学技术，如生物技术、自动化农业技术、设施农业技术、精确农业技术和信息技术等。显然，这就无法确保生态农业的可持续发展。生态农业系统中常常含有许多组分，各组分间存在着十分复杂的关系。例如，要在鱼塘里养鸭，就必须考虑养鸭的数量，而养鸭的数量又会受水速、水塘容积、水体质量、鱼类品种及数量、水温、鸭子年龄及大小等多种条件的限制。通常，农民没有充分的理论知识与经验来科学设计生态农业，单纯复制别处的经验很难成功。

3. 农业产业化水平不高

农业产业化要面向市场，注重经济效益，围绕主导产业和产品，对多种生产要素进行优化组合和区域化布局，形成规模化建设、专业化生产、系列化加工、社会化服务和企业化经营，集“种、养、加”“产、供、销”“贸、工、农”“农、工、商”“农、科、教”等于一体，把农业纳入自我发展、自我积累、自我制约、自我调节的健康轨道。这也成为了农业现代化的经营方式和产业组织。农业产业化的实质是改造传统农业，促进农业科技进步。发展生态农业以达到生态效益、经济效益与社会效益相统一为根本目标。在我国广大农村地区要推动农业经济发展，提高人民生活水平是当务之急。世界经济全球化为我国生态农业发展带来了新机遇，却也为我国生态农业发展带来了新的挑战。

为了适应新形势的需要，生态农业在发展过程中还存在着不少需要解决的问题，农业产业化就是其中极为重要的一方面。此外，人口问题始终是社会发展过程中的重要问题之一。据测算，2030 年左右我国总人口将达 16 亿。土地资源较为紧缺，耕地面积仍呈下降趋势，但人口却持续增长，大量的农村剩余劳动力转移，已成为农村地区可持续发展面临的主要问题。要解决这一难题，就需要从生态农业方面入手，延伸农业产业链，提升农业产业化水平。

4．服务水平和能力有待提高

生态农业的发展要坚持将服务与技术放在同等地位。但是，我国当前的农业服务体系仍需进一步优化调整。具体来看，我国部分地区尚不能为农户提供优质品种、苗木、肥料、技术、信贷和信息服务等。例如，要想发展生态农业，就必须建立稳定的信贷服务体系，这可以为农户持续开展生态农业项目提供必要的资金和信心支持。例如，信息服务同样是限制当前生态农业发展的重要因素，必要的信息服务可为农户调整生态农业生产结构提供支持，以此更好地适应市场需求，取得更好的经济效益。

5．推广力度不够

尽管我国的生态农业有着较为悠久的发展历史，并且历来受到我国政府的重视和支持。但是，我国政府部门仍需进一步加大对生态农业的推广力度。整体来看，我国的国家级生态农业县数量较少，并且由于自然资源利用不合理、生态环境总体恶化趋势明显，很多农村地区仍然面临较为严重的污染问题。并且，受水土流失、土地退化、荒漠化、水体与大气污染及森林与草地生态功能退化的影响，很多农村地区仍然面临较为严重的可持续发展问题。概括而言，我国现有的生态农业试点不过是“星星之火”，尚未形成“燎原”之势。

6．政策机制亟须完善

生态农业的推广和发展离不开政府的大力支持。因此，要想保证生态农业能够顺利推广和发展，就必须得到政府的政策激励和制度保障。只有这样，才能充分调动广大农民参与建设生态农业的积极性。尽管我国的农村经济改革已取得明显的成就，但是有关生态农业的问题仍需进一步研究。在我国部分农村地区，农民缺乏对土地、水资源的主动保护的意识和行动，导致生态农业发展缓慢。此外，生态农业的发展会受到农产品价格因素的制约，这是一个不容忽视的问题。对于较为贫困的农户而言，确保食品安全或许是至关重要的，然而，对于那些处境较为优越的农户而言，较高的经济效益或许会成为推动他们投身于生态农业的动力。因此，只有不断完善相应的政策和体制、机制，才能为生态农业的科学、高效发展提供保障。

（三）生态农业绿色发展的路径

1．制订生态农业绿色发展规划

为确保生态农业实现可持续发展，政府及有关部门需要制订一份生态农业绿色发展规划。当前，我国正面临人口众多、耕地匮乏、人均资源相对匮乏、地区间发展不平衡的挑战，资源、环境和人口等方面的压力不断增加。因此，推进生态农业发展，是我国 14 亿多人口在 21 世纪获得充足、优质的食物的保障，同时也是引领我国传统农业摆脱困境、实现可持续发展的必然选择。

我国的生态农业应遵循发达国家在提出生态农业时所坚持的发展农村经济必须与环境保护相协调的原则，摒弃西方生态农业主张不用农药、化肥、机械等外部投入的农业非集约化技术路线的回归自然的倒退做法，坚持增加科技含量，合理投入，走农业集约化的技术路线。生态农业发展必须在生态合理性的基础上，以现代科技为支撑，制订出具有科学性、前瞻性的农业发展规划。

2. 建立健全生态农业绿色发展的体系与制度

市场机制是推动生态农业实现绿色发展的关键因素，政府则是推动生态农业实现绿色发展的保障。为此，政府必须制定相关政策和法律法规，为生态农业投入大量的财力、物力和人力资源，推动生态农业绿色发展。

首先，确立与生态农业绿色发展相配套的生产法规。为确保生态农业绿色发展战略得以有效实施，政府必须建立相应的法律法规体系，加强对生态农业绿色发展的保护和管理。生态农业的可持续发展不仅关系农业生产的可持续性，同时也直接关系环境保护的可持续性。因此，确立与生态农业绿色发展相配套的生产法规，有助于保持生态环境的完整性，提升人民的法治素养，为生态农业绿色发展提供法律保障。

其次，应加强对绿色农产品的品质监控，以确保其符合环保要求。加大绿色农产品研发力度，加快推广无公害蔬菜种植技术和有机食品加工技术，促进绿色食品产业发展。建立以市场为导向的绿色农产品营销渠道，建立一套科学、严谨的绿色农产品质量安全认证机制，同时严格规范绿色农产品的申报和审批流程。加大宣传力度，提高消费者对无公害农产品认知程度和认同度，引导消费者合理购买绿色产品。为促进生态农业绿色发展，需要建立畅通的绿色农产品产销通道，以满足终端消费需求。完善生态农业绿色发展的法律法规及配套政策措施，促进生态农业健康有序发展。建立规范的绿色农产品质量监督管理体系，以严格的品质控制为切入点，致力于提升绿色农产品的公信力。同时鼓励有实力的企业与农户签订长期稳定的合作协议，以促进现代农业健康、可持续发展。

最后，为生态农业的可持续发展提供可靠的政策支持。在土地政策方面，应优先保障生态农业绿色发展的龙头企业的用地指标，并在工商注册、收费、土地审批等方面给予必要的支持。政府应当加大对生态农业绿色发展的财政支持力度，特别是在产业投资政策方面，重点支持有利于生态环境保护、资源利用、清洁生产等方面的绿色农业发展项目，同时进一步提高循环农业、农业污染治理、高标准农田等项目的建设标准，加大投资支持力度。

3. 加大科技和资金的投入，为生态农业绿色发展提供动力

微生物学是实现生态农业绿色发展的科学基础，而“生物工程”则是实现生态农业绿色发展的技术基础。基因工程技术、细胞工程技术的运用可以筛选出具有优良高产特性的菌株，或构建多功能型的工程菌株。而发酵工程、酶工程则是实现微生物资源产业化的关键生产工艺技术。这些高新技术的应用，将为生态农业绿色发展注入新的活力。农业科技创新的中坚力量是农业科研院校（所），然而，由于政府和企业对农业科研的资金投入不足，导致农业科研人员普遍面临着经费短缺的问题，从而难以维持正常的科研活动。要解决这一问题，就必须加大农业科研经费投入力度。具体来看，政府应当在每年加大对农业科研经费投入力度的同时，将农业科研经费纳入法律体系，实现制度化管理。农业生产中存在大量复杂的生物过程，这些过程都具有特定的结构。农业的功能和效益直接取决于其结构，因为结构是决定农业功能和效益的关键因素。目前我国正处于从传统农业向现代农业转化的阶段，调整农业结构势在必行。为了实现高效的生态农业发展，我们必须高度重视农业结构的调整和优化。只有不断地进行农业结构调整才能促进农村经济健康可持续发展，提高农产品市场竞争力和经济效益。随着经济发展方式的转型，农业结构调整已成为高效生态农业的重要组成部分和关键技术之一。本章节结合当前我国农业结构调整现状，就推进我国现代农业建设中农业结构调整问题进行了探讨。

具体而言，农业结构调整技术的核心在于以下几点。首先，优化农作物的品种，扩大种植面积、提高产量，以满足人们日益增长的需求。其次，应该积极推进绿色、环保、低碳农业产业的发展，致力于生产符合无公害、绿色、有机标准的产品；在各地因地制宜的前提下，积极推进特色农业的发展，培育独具特色的产品，塑造独具特色的品牌形象，从而创造经济效益。在此基础上，通过引进、集成新技术，加快推进传统农业向现代农业转变，实现农村经济可持续发展。最后，加大农业科技成果的推广力度，提升农业科技贡献率，增加农产品附加值，进而提高农业整体效益。同时，强化农业基础地位，推进农业产业化，延伸农业产业链条，扩大农业企业规模。总之，加快推进我国生态农业建设必须依靠全社会的力量，发挥国家财政支持作用，建立多元化的投入机制，完善扶持政策体系。为了实现生态农业的可持续发展，必须兴建大规模的工厂，以促进农业生产的规模

化发展。在我国农村经济中，乡镇企业是一支重要力量。为了促进生态农业的发展，政府应当制定一系列优惠政策和措施，以鼓励和吸引大型工商企业、乡镇农业企业、外商和个人对农业科研和基础设施进行投资，从而建立起一套完善的资金投入机制。

4. 加强人员教育，培养高素质的农业人才

为确保生态农业的可持续发展，我们需要提供智力支持。生态农业是一种新兴的农业形式，它不仅包括传统技术，还涵盖了各种当前大力推广的技术及具有前瞻性的高新生物技术。目前，我国已拥有大量从事农业生产活动的技术人员和管理人员，但真正能够将先进科技成果转化为现实生产力并在实际中加以应用的人较少。为了确保农业高新技术的研发、推广和应用渠道的畅通，必须借助具备较高职业素养的农业专业人才的力量来提升农民的综合素质水平。提升农民素养的关键在于转变他们的思维模式，协助他们树立发展生态农业能带来丰厚收益的观念；加强农民的科技和文化教育，提升他们在科技和文化领域的素养水平；加强农民在微生物生产技术运用等方面的教育，以提高他们对现代先进技术和科学管理知识的掌握程度。

第三节　生态服务业发展

一、现代服务业的含义

（一）现代服务业的概念

现代服务业出现于工业革命到第二次世界大战期间，成形于 20 世纪 80 年代。1997 年，党的十五大报告第一次提出发展我国的现代服务业。2000 年，中央经济工作会议提出："既要改造和提高传统服务业，又要发展旅游、信息、会计、咨询、法律服务等新兴服务业。"[①] 现代服务业属于第三产业，产生于工业化较为发达的社会中，建立在电子信息等高新技术和现代管理理念、经营方式和组织形式之上的服务部门。不同于传统的服务领域，如商贸、住宿、餐饮、仓储和交通运输等，服务业的主要代表产业为金融保险业、信息传输和计算机软件业、租赁和商务服务业、科研技术服务和地质勘查业、文化体育和娱乐业、房地产业及居民社区服务业。

---

① 韩媛媛．向新加坡学习现代服务业[M]．广州：广州出版社，2015．

作为信息技术发展的成果和知识经济的重要组成部分，现代服务业凭借现代化的技术和服务方式，实现了对传统服务业的升级，在满足群众现有需求的同时，挖掘了其潜在需求，创造了新的需求，引导了社会消费。现代服务业致力于为社会提供高附加值、高层次、知识型的生产和生活服务。其进步源于社会和经济的发展及社会分工的专业化等需求。其主要的特征体现为智力要素密集度高、产出附加值高、资源消耗少、环境污染少等。

（二）现代服务业的分类

对现代服务业的分类，目前尚没有一个统一的标准，以下是目前比较常用的几种分类方式。

1. 服务的作用领域分类法

根据现代服务的作用领域不同，可将现代服务业分为基础服务（包括通信服务和信息服务）、生产和市场服务（包括金融、物流、批发、电子商务、农业支撑服务以及中介和咨询等专业服务）、个人消费服务（包括教育、医疗保健、住宿、餐饮、文化娱乐、旅游、房地产、商品零售等）、公共服务（包括政府的公共管理服务、基础教育、公共卫生、医疗以及公益性信息服务等）四大类。

2. 世贸组织的列举分类法

世贸组织的服务业分类标准界定了现代服务业的九大分类，即商业服务、电信服务、建筑及有关工程服务、教育服务、环境服务、金融服务、健康与社会服务、与旅游有关的服务及娱乐、文化与体育服务。

3. 第三次产业分类法

现代服务业大体相当于现代第三产业。1985 年《关于建立第三产业统计的报告》将第三产业分为四个层次：第一个层次是流通部门，包括交通运输业、邮电通信业、商业饮食业、物资供销和仓储业等；第二个层次是为生产和生活提供服务的部门，包括金融业、保险业、公用事业、居民服务业、旅游业、咨询信息服务业和各类技术服务业等；第三个层次是为提高科学文化水平和居民素质提供服务的部门，包括教育、文化、广播电视事业，科研事业，社会福利事业等；第四个层次是为社会公共需要提供服务的部门，包括国家机关、社会团体及军队和警察等。

（三）现代服务业的特点

1. 新服务领域

现代服务业能满足现代城市和现代产业的发展需求，它打破了消费性服务业领域的局限，形成了新的生产服务业、智力服务业和公共服务业。

2. 新服务模式

现代服务业是通过服务功能换代和服务模式创新而产生的新的服务业。

3. 高文化品位和高技术含量

第一，高增值服务；第二，高素质、高智力的人力资源结构；第三，高感情体验、高精神享受的消费服务质量。

4. 集群性

现代服务业在发展过程中呈现集群性特点，主要表现为行业集群和空间集群。

二、现代服务业与环境的关系

服务业对经济增长做出了重大贡献，同时也加剧了环境污染问题。环境污染问题的出现是由于经济发展和环境保护的冲突不断激化，两者之间的联系越来越紧密，矛盾也越来越大。服务业的发展与环境息息相关，两者相互影响、相互制约。

（一）服务业对环境的影响

1. 直接影响

服务业给环境带来的直接影响在于，服务业不断消耗资源和能源，同时释放出大量的废弃物质，从而对周围的生态环境和自然资源造成了一定程度的破坏和污染。以交通服务业为例，其产品生产不仅需要消耗大量电力，还需要轮胎、燃料、维修服务、保险服务、技术服务等中间产品，而这些中间产品的生产也需要消耗电力。此外，生产中间产品所需的电力之外的种种资源，包括但不限于石油、煤炭、钢铁、物料、通信及管理等，也需要消耗电力，可见，交通服务业对电力消耗是多层次的。餐饮业生产和服务过程中消耗的资源和能源种类更加多样，因此对环境造成的影响也更加深远。基于不同服务业对环境影响方式的差异，可以将之分为烟囱型服务业、累积型服务业和杠杆型服务业。

烟囱型服务业指的是所有服务业中造成的直接环境影响最大的那些服务业。如规模较大的餐馆、娱乐场所、医疗机构等。其主要特征在于均排放大量污水、废气和废物，对环境造成了直接的严重污染。以大型饭店为例，若是其建筑面积超过 8 万平方米，并且少于 10 万平方米，则年消耗 1.3 万～1.8 万吨标煤，和大型工厂相当。除了消耗大量能源，大型饭店还一直产生大量的烟尘、污水、废热、垃圾等，其污染性不言而喻。

累积型服务业是指个体上环境影响较小，但是数量大，形成的环境污染较为严重的那些服务业。如快餐店、汽车维修服务站、个体诊所等。以汽车维修服务站为例，一定地区内只能容纳少量的汽车维修服务站，才能够实现满足社会发展需要和维护环境之间的平衡。其个体上存在较少的储油罐渗透、石油外溢、溶剂和其他的危险物质，但是汽车维修服务站数量极多，这些个体加在一起就会形成较大的污染。

杠杆服务业指的是服务提供者因自身在市场上的地位影响消费者和资源、能源供应者，导致后者的行为对环境造成污染的那些服务业。其环境影响主要分为上游影响和下游影响两类：前者指的是对供应者的产品特征和环境产生影响；后者是指对其用户或消费者的环境影响，往往与产品或服务的使用相关。以旅游业为例，上游服务企业的服务包括行程、交通及住宿等安排，这些安排的环保性将直接影响其产品对环境所产生的影响。

2. 间接影响

间接影响指的是，服务业过分追求经济效益，做出了具有导向性的行为，影响社会经济并在不知不觉间引导民众做出污染、破坏环境的生产和消费行为。此处提供一个典型的环境问题对金融业产生影响的案例。一方面，如果融资企业出现了土壤污染和水污染等环境问题，需要支付污染治理费和土地赔偿费，这可能会造成资金短缺而不能按期还款（产生信用风险）。如果是设定了担保的土地被污染的话，则将很难按预期回收而造成担保风险。另一方面，对金融机构来说，环境问题的应对也隐含着新的商业机会。通过对资金的再分配，金融机构也可以间接影响环境。这就是近年来金融机构对环境问题日益关心的原因。服务业对环境的间接影响体现在以下四个方面。

第一，缺乏对服务业的科学规划与合理布局，特别是在商品流通和运输中，存在缺乏统筹的污染控制规划和资源减量化考虑的问题，从而造成资源浪费和环境污染。当前我国服务业发展主要依靠餐饮业、交通运输业等资源密集型产业拉动，而现代金融业、信息业等知识密集型和资金密集型产业发展薄弱。

第二，低水平的产业发展不能满足资源高效利用的需求，制约了环境与经济的协调发展。以消耗系数为例，中国服务业对农业的完全消耗系数为 0.1，日本为 0.03，美国为 0.02，也就是说，中国服务业每增加 100 个单位服务产品需完全消耗的农业产品为 10 个单位，而日本和美国分别只有 3 个和 2 个单位。

第三，生产性服务的作用发挥不出来，缺少循环经济相关技术、信息服务及其服务替代产品的服务，如租赁、维修、升级换代等。

第四，政府、教育机构和大众传媒对环境保护与资源节约的宣传力度不够，导致民众环保意识淡薄。由于受到自由市场经济的影响，政府把更多的精力投入经济领域，大众传媒引导人们享受生活，这些无视环境影响的做法是不可取的。这些方面虽然没有直接对环境产生不良影响，但由于其涉及领域广、长期被忽视，导致其他领域的环保工作努力难以产生期望的成果。

（二）环境对服务业的影响

环境也影响着服务业，既能够促进其发展，也能够阻碍其发展。其影响作用体现在以下几个方面。首先，服务业的发展离不开良好的环境条件这一基础。其生产、服务过程中所消耗的大量能源和资源都源于自然环境，也就是说自然环境为其发展提供了物质基础。环境资源具有地区差异性，这在一定程度上导致了服务业发展水平的地区差异性，同时也促使各地区基于实际资源优势，发展地方特色服务业。其次，环境影响着服务业的发展。如今，人们生活质量不断提高，越发关注环境，对环境的要求也随之提升。在物质需求基本满足之后，精神需求成为人们当下的追求。服务业是以提供服务产品为主的一种行业，其发展会受到良好环境的促进。以旅游业为例，我们外出旅游是为了亲近大自然，去欣赏各不相同的地域景观，体验各具特色的风土人情与文化，这些都需要良好的外部环境来支撑。所以，在环境污染严重的当下，在环境保护被更多人关注的当下，很多对环境有着较大破坏和污染的服务业发展受阻，国家不断完善绿色壁垒、环境认证，行业不断推出绿色产品，生态文明时代已经到来。

三、生态服务业建设的主要内容

（一）生态服务业的含义

生态服务业，是指在充分合理开发、利用当地生态环境资源基础上发展的服务业，是循环经济的有机组成部分，它包括绿色商业服务业、生态旅游业、现代物流业、绿色公共管理服务等。发展生态服务业在总体上有利于降低城市经济资源和能源的消耗强度，有利于节约型社会发展，并且，发展节约型社会是整个循环经济正常运转的纽带和保障。

（二）服务生态化建设

1．绿色服务

绿色服务是指那些对保护生态环境、节约资源和能源有帮助的，并且不会产生任何污染、危害和毒性物质，造福于人类健康的服务。企业必须始终严格遵守可持续发展战略，在追求经济效益的同时，兼顾自然环境和人类身心健康，采取绿色服务措施，在服务流程设计、服务使用的材料、服务产品、服务推广、消费体验等方面都要遵循环保和健康的原则。将资源和能源使用控制在合理范围内，降低污染物排放量并采取减污措施，协调并综合提升企业的经济效益与环保效益。

2. 低碳物流

现代服务业包含了物流业，而物流业在其中不仅扮演着重要的角色，还是一个碳排放量较高的行业。发展低碳物流就在于促进物流业与低碳经济的相互协调和相辅相成，采取资源整合、流程优化和生产服务标准化等措施，从而达到节约能源和减少污染排放的目的。现代化的物流手段可以为低碳经济中的生产方式提供支持，低碳经济离不开先进的物流配套服务。

3. 智能信息化

现代服务业的发展与低碳化服务的实现离不开智能信息化。服务智能信息化，有助于服务业减少对有形资源的依赖，使得一些有形服务产品得以转换为软件等非物质形式，从而减少对生态环境的影响。

（三）生态服务业建设的主体

1. 服务主体生态化

就像制造企业一样，服务企业作为服务行业的服务提供者、服务主体，在设计和开发服务产品时必然会耗费资源和能源，也必然会产生废弃物。研究人员结合服务企业实际情况，遵循循环经济原则设计了一套绿化矩阵，将服务企业可以采取的绿色实践活动一一列举出来。此外，传统服务业中的企业也需要跟上时代的脚步，采取清洁生产审计、环保认证、企业生态文化创建等措施，以落实生态经济理念为企业自身使命，实现物资的循环利用并减少和避免污染。我国颁布的《中华人民共和国清洁生产促进法》是首部主要促进清洁生产的法律，针对服务业的清洁生产实践形成了重要的原则性规定。基于此，我国又制定了《绿色市场认证实施规则》和《中国绿色饭店评估细则》等行业标准，这些标准要求服务企业落实清洁生产责任，如大型商场须以连锁经营的方式经营，通过创建绿色市场、完善回收利用体系、增加绿色标志和环境标志商品的比例、推广可降解购物袋、使用简化包装和绿色包装、采用节能电器和节水器等措施，以推进服务业主体的生态化建设。

2. 服务过程清洁化

服务企业通常利用特定方法和途径，为消费者提供日常所需的各种服务。例如，贸易市场完善市场和招商，从而使生产和需求之间联系紧密；商场卖场用各种展示方式和推销活动将各种商品销售给顾客；餐饮企业采购膳食原料，并烹饪加工成菜品，满足消费者的饮食需求；宾馆旅店布置和清洁客房、提供食物和必要的用品等，为住客提供居住、休息、餐饮等服务；运输公司以规划路线、安排行程和使用车辆等方式，为客户提供送货、配货服务。这些事例都反映出，选择服务方式和服务途径对服务企业来说是至关重要的，这不仅可以有效提高其服务质量，还可以建立服务品牌，同时也有助于服务企业构建生态化系统。各个服务行业在实现服务过程清洁化方面都有所差异。例如，批发零售贸易业，能够通过绿色营销、电子商务、绿色采购渠道的建立及引导消费者绿色消费等方式来实现服务途径清洁化；开设环保客房、推行绿色餐饮、提供打包服务及提供可重复利用的餐具等是餐饮宾馆业实现服务过程清洁化的主要方法；为了实现服务过程清洁化，交通运输业能够采取多种方式，包括但不限于发展轨道交通、合理规划行驶路线、使用电动车和混合动力车辆等现代绿色交通工具。因此，不同的服务行业应当基于其服务特点采用不同的服务过程清洁化的方式。

3. 消费模式绿色化

（1）绿色消费的含义

绿色消费指采用环保、可持续、健康、节约能源等理念和行动进行产品购买和服务使用的行为，也叫可持续消费，是一种全新的消费体验和方式。除了购买绿色产品，以纸质和布质购物袋代替塑料袋、回收利用物品、有效利用能源、保护生态环境和物种环境也都属于绿色消费。具体而言，其包含以下三个方面的内容。首先，鼓励选购绿色产品，即没有受到污染，或对公众健康有益的商品。其次，消费者革新消费观念，强调自然、健康、舒适的生活方式，同时重视环境保护，致力于资源和能源的节约，以实现可持续消费。最后，在购物消费时要重视妥善处理废弃物，以避免环境污染。绿色消费可以概括为“3e”和“3r”，经济(economy)、生态（ecoloical）及平等（equal）；减量原则（reductive)、重复使用（reasable）和回收利用（recycle)。

（2）绿色消费的社会背景

自 1992 年地球高峰会议正式提出“永续发展”后，全球永续发展的内容就一直包括绿色消费。从人类通过栽培植物来获取食物、谋求生存开始，绿色就成为代表生命、健康、活力以及对美好未来的追求的颜色。绿色消费的“绿色”是一个有着特殊含义的用语，不是单纯指植物，而是指人与自然生态环境的和谐共存。在当今的社会中，红色代表禁止、黄色代表警告、绿色代表安全通行，基于此，“绿色”就意味着科学性、规范性、规律性，有着通行无阻的意义。中国消费者协会将2001年定为绿色消费年，鼓励人们积极参与绿色消费活动。绿色消费成为2001年的主题有四个方面原因。首先，中国“十五”计划中明确表示要重点关注重视生态建设和环境保护、实现可持续发展的战略目标，同时这也是中国在21世纪的发展目标之一。绿色消费与此契合。其次，需求变化的必然要求。2001年，我国人民生活水平大幅提高，生存需求和享受需求转为发展需求，绿色消费不仅是对此变化的适应，也是对人们消费理念和行为的引导。再次，消费维权国际化的需要。这表明中国在消费者权益保护上已经与国际社会接轨。最后，解决维权焦点问题的需要。当时的有害食品添加剂、装饰材料有害气体超标等问题较为严重，是消费维权焦点问题。绿色消费产品应当是环保的，于人体健康无害的，要求企业提供符合保障消费者身体健康的商品或服务，呼吁政府和相关机构加强保护消费者健康权益的立法。

（3）新时代的绿色消费

当前，良好的生态环境能推动中国经济高质量发展。改变传统的粗放型经济发展模式，逐渐实现绿色生产和消费，形成绿色发展方式和生活方式，是我国构建生态文明体系的重要基础。绿色消费成为新时代消费的一个典型特征。2017年5月26日，中央政治局进行了第四十一次集体学习，讨论关于促进绿色发展方式和生活方式的形成的问题。集体学习中，习近平总书记指明了六个重要任务，鼓励和普及绿色消费就是其中之一。这主张人们在人与自然和谐发展的前提下生活，适度、合理、健康的消费，形成健康的消费心态，树立崇高的消费道德观念，同时以消费方式变革来推动生产模式的变革，促进生态产业的发展。近年来，随着绿色消费观念深入人心，绿色消费逐渐成为人们的一种生活习惯。

第四节　生态科技发展

一、以绿色科技为核心的生态科技观

（一）绿色科技

1．绿色科技的含义和特征

绿色科技实施的目的在于保护人体健康和保护环境及促进经济的可持续发展。绿色科技与多个领域有关，如能源节约、环境保护和绿色能源等。绿色科技

产业具有效率高、资源节约、环保等优势，是全球经济发展的主要推动力量。绿色科技将成为新一轮工业革命的主导力量。当前，绿色科技产业正引起世界越来越多国家的高度重视，很多国家将绿色科技的发展作为本国重要的发展战略。

绿色科技将会带来一种全新的人与自然的关系，其核心理念是防止和治理环境污染，以维护自然生态平衡。因为环境污染和生态恶化的问题越来越严重，人们已经开始理性地反思，认识到自己与自然之间是相互依存的关系，而不是传统的人是自然的主宰，能够任意支配自然的关系。人类是自然环境的一部分，人与自然之间的相互作用是不平衡的。即使人类影响力再大，也仅能改变自然的具体演化方式，而无法彻底抹消自然的存在。然而，我们也需要认识到，自然对人有着巨大的反作用，甚至可能会给人类带来灭顶之灾。因此，人类必须重视自然、尊重自然、敬畏自然。因此，发展绿色科技具有重大意义。

绿色科技有四个基本特征：绿色科技是由一系列技术构成的，而不是单一的某种技术；绿色科技与可持续发展战略具有紧密的联系，拥有极其重要的战略地位；绿色技术随着科技的发展和时间的推移，也在不断地创新和完善；绿色科技与高新技术息息相关。

2. 绿色科技的重要内容

绿色科技包含的基本内容可以从宏观和微观两个方面来概括。

（1）宏观层面

软件包括具体操作方式和运营方法及保护环境的一些工作与活动，硬件主要包括污染控制设备、生态监测仪器和清洁生产技术等。

（2）微观层面

第一，绿色产品。其指的是那些在生产过程中或者本身就具有节能、节水、低污染、低毒、可再生、可回收等特点的产品，这些产品是绿色科技转化的成果。绿色产品直接促使人们消费观念和生产方式的转变。当前，公众往往以购买绿色产品为时尚，这就让企业将生产绿色产品作为获取经济利益的途径。为了鼓励、保护和监督绿色产品的生产和消费，很多国家制定了“绿色标志”制度。绿色标志（也称绿色产品标志）中心为青山、绿水和太阳的图形，象征着人类生存所必需的自然环境，周围十个环环相连的环形象征着公众参与，共同保护环境。整个标志寓意“全民联合起来，共同保护人类赖以生存的环境”。1977 年，德国率先提出“蓝天天使”计划，推出“绿色标志”。我国从 1994 年开始实施“绿色标志”。随着生活质量的提高，人们消费越来越注重绿色健康和安全。

第二，绿色生产工艺。它指的是在生产过程中最大程度上节省能源并减少污染，以降低对环境影响的工艺。其与清洁生产密切相关。设计和研发绿色生产工艺，就是以技术为突破点，研究、制订物料和能源消耗少，废弃物少，同时保证对环境污染的影响尽可能小的工艺方案。精确成形、干式或准干式切削、废物再利用和快速原型制造等技术都是新型绿色生产技术。其具体要求为重新设计少污染或无污染的生产工艺、优化工艺条件、通过改进操作方法来减少或消除污染物。

第三，绿色材料能源的开发。在1988年第一届国际材料科学研究会议上，“绿色材料”这一概念首次被提出。绿色材料是指在原料采用、产品制造使用和再循环利用及废物处理等环节中，与生态环境和谐共存并有利于人类健康的材料。绿色材料必须具备净化吸收和促进健康两大功能。循环材料、净化材料和绿色建材等都属于绿色材料范畴。循环材料是指通过改变已无法再利用的产品的物质形态，将其生产成为另一种材料，从而能够多次循环利用的材料。净化材料是指洁净的能源，如太阳能、风能、水能、潮汐能及垃圾焚烧发电等可开发和利用的新能源材料。绿色建材是指采用清洁生产技术、少用天然资源和能源、大量使用工业或城市固态废物生产的，无毒害、无污染、无放射性、有利于环境保护和人体健康的建筑材料。绿色建材具有节能、净化功能并且对人类身心健康有益。总的来说，绿色材料能源受到越来越多商家的重视，开发新型环保绿色材料能源越来越重要。

第四，消费方式的改进。具体而言，就是要在全社会大力倡导健康消费、适度消费、绿色消费、可持续消费和高尚消费。健康消费包括健康的消费心态和健康的消费行为，就是要做到理性消费，不要有通过消费追求某种所谓“社会意义”的心理；适度消费提倡一种崇俭戒奢的观念，它反对过度消费和奢侈性消费；绿色消费旨在鼓励消费者选择对环境污染小或者无污染、对公众健康有益的绿色产品，并且注意垃圾处理方式避免环境污染。此外，绿色消费旨在倡导节约资源、保护生态的消费观念；可持续消费有利于实现可持续发展，它指的是通过提供服务和相关产品，达到满足人类需求、提高生活质量的目的，同时尽可能使用对环境友好的材料，以避免危及子孙后代的消费模式；高尚消费是指人既追求物质的满足而又期盼心理的愉悦和精神的享受，能够实现心境美好与精神充实的追求。

第五，规制理论研究。主要是指绿色政策、法律法规的研究及环境保护理论、技术和管理的研究等。

3. 中国发展绿色科技面临的挑战

当前，中国发展绿色科技面临的三大挑战。

(1) 观念转变的挑战

当前，中国发展绿色科技面临着观念转变的挑战。由于中国地理环境复杂、人口众多等客观因素和传统习俗、生活习惯、认识水平等主观因素的存在，人们对绿色科技的认识发生了改变。同时，人们对环境问题的认识亟须提高。

（2）完善规章制度的挑战

没有规矩不成方圆，环保事业的推进需要环保法规的跟进，只有通过合理科学的政策和法律，使污染治理、节约能源、提高能效等内容制度化，才能保证环保事业的整体推进，才能为绿色科技发展提供有效支撑。当前，我国与绿色科技相关的规章制度需要完善。

（3）资金的挑战

发展科技必须有资金做后盾。发展绿色科技需要金融业的支持，没有资本就难以推广技术，技术也难以创新。当今世界主要发达国家都非常注重绿色科技的投入，如《2009 年美国复苏与再投资法案》，在清洁高效能源领域投入 433.5 亿美元，强调新能源产业在促进国家能源独立的同时蕴含着巨大的就业机会和经济结构调整潜力。时任美国总统的奥巴马甚至宣称，“驾驭清洁和可再生能源的国家将领导 21 世纪”。[①] 在加大资金支持力度的同时，还要对绿色科技做全面的风险评估、成本回报分析。

（二）生态科技观

1. 生态科技观的含义

生态科技观是基于近现代科学技术反思之上的更加注重生态平衡和可持续发展的思想。其最高准则为实现人与自然和谐相处，并旨在寻求人类发展与自然生态演化之间矛盾解决的方案，目标为生态保护和生态建设，并推动人类、自然、社会协同进步。生态科技观这一理论体系主要体现为以下几点内容。第一，科技是一种直接手段和重要工具，可以用来协调人与自然之间的关系。科学研究与技术应用的一个重要目标应当在于促进生态系统的良性循环，促进生态系统的优化。第二，科技是一种物质性的实践，是人类认知和改造自然的活动，必须契合自然属性，接受自然规律的限制。并且，应该对科技本身的不完备和复杂性建立正确认知，进而采取积极措施来消除科技潜在的负面影响。第三，应该建立一种全面的科技评价体系，不再仅以单一的经济指标来判断科技的优劣，而是要从多个方面，如生态、人文、美学等角度出发，树立一种合理的科技价值观，推动科技的健康、可持续发展。

① 程华．低碳发展论丛 低碳科技论[M]．北京：中国环境出版社，2015.

2．生态科技观以绿色科技为核心

发展绿色科技，是引导生态意识进入生产系统，从而解决发展经济与保护生态环境两难问题的桥梁，也是实现经济社会科学发展的关键。生态科技观以绿色科技为核心，主要体现在以下几个方面。第一，绿色科技要求科技发展要关注生态化研究，即在科技发展研究中，既要遵循科研内在规律，也要注重生态效果，充分发挥科技发展在生态环境当中的作用。这应当成为科研人员进行科研活动的一个基本理念。第二，绿色科技是有益于保护和合理应用生态资源的科学技术。绿色科技的实质就是保护人体健康和人类赖以生存的环境，进而促进经济可持续发展。当前，绿色科技主要是通过生态技术手段来改善、恢复与重建生态平衡的，绿色科技的应用过程对生态环境系统的破坏性最小，绿色科技的应用可以对其他非绿色科技的使用产生积极影响，迫使其积极转变研发方式。第三，生物科技是绿色科技的主要内容。生物技术是对生命科学的转化和应用，是人类设计的、改变和利用生物或其组分的一种技术手段。它是对分子生物学、生物化学、遗传学、细胞生物学、胚胎学、免疫学、化学、物理学、信息学、计算机等多学科知识的综合和利用。我们能够借助这一技术探究生命活动的规律，并为社会提供各类服务产品。生物科技作为绿色科技的主体，已成为21世纪科技的重点学科并得到了世界各国的关注。发展绿色科技，建立绿色产业体系，既是时代发展的需要，也是经济社会科技发展一般规律的作用使然。

（三）生态科技观的评价

1．生态科技观的重要意义

生态科技观是一种全新的技术观念，对社会经济的发展具有重要的现实意义。第一，有利于人与自然和谐相处。自工业革命后，经济的发展一直以工业化为主导，以利益为驱动力，以高投入、高耗费、高污染为基本特征，这种靠牺牲资源和环境为代价而换取经济高速增长的工业化发展模式，越来越不适应社会经济的发展。尤其是近年来出现的资源枯竭、环境污染、生态失调等问题，使得这种发展模式的弊病越来越凸出。生态科技观的出现使得人们能够正确认识保护自然的重要性。它将在观念上约束人们的思想、在行动上规范人们的行为，这有助于保护生态环境，实现社会、人与自然的和谐相处。

第二，有利于促进科技朝着生态化的方向发展。生态科技观的核心价值有两个方面：一方面，努力推广那些有利于人类可持续生存与发展，并促进人与自然和谐发展的技术，以尽可能地削弱技术对生态环境的负面影响；另一方面，除了尽可能地采取节能技术和清洁生产技术之外，还应该积极发展环境友好的能源利用技术，发展资源可持续利用技术和环境污染监测与控制技术，并创设技术选择评价体系，创设和完善监测跟踪制度。从而合理地限制经济发展对生态环境的开发和利用程度，避免自然资源的过量消耗和环境质量的下降，在开发和研制新的能源的过程中坚持做到不破坏自然生态环境，推动科学技术的生态化发展。

2. 辩证看待传统技术观

科技是一把双刃剑，既能为人类带来好处，也会为其带来负面影响。传统技术观孕育形成于工业社会，它对工业社会的发展起到了主导作用，并促进了工业文明的形成。由于传统技术观念的普及和发展，许多国家得以实现工业化。因为近代科技和生产力的突飞猛进，工业文明的规模化生产使得社会产品极大丰富，人们的生存、生活条件得到极大改善。在此基础上，人类的城市化进程加快，大量人口开始由农村转移到城市，城镇化水平大幅提高。但工业文明在为人类创造财富的同时，巨大的资源消耗也使得科技对地球生态系统造成了巨大破坏，影响着人类的可持续发展。传统技术观的两面性突出表现出来，其缺点反映在三个方面。第一，在价值观上认为人类利益优于自然环境利益。人类在与自然的斗争和改造中创造了巨大物质文明，这一过程中人类的自然观出现了深刻转变，原始农业社会对自然充满畏惧和崇拜，工业社会利用、控制、支配甚至于征服自然。这一变化激励人们不断地以自己的行动改造自然，人类自以为是“自然的主人”，运用科技以更广泛、更深入的方式影响和改变着自然面貌。在很多人看来，资源和能源能够为生产无限的廉价供给，它们的大量消耗就是生产的自然代价。这种看法未能正视自然资源的有限性，未能认识到自然界的承载能力不是无限的。如果人类不控制自己开发和改变自然环境的行为，那么必然会导致资源枯竭、生态环境恶化及严重的污染问题。第二，缺乏宏观的和系统性的思维方法。传统技术观盲目追求工业生产的高效率、大规模，为此不惜过度消耗自然资源、罔顾环境的承载力，最终导致了全球性的自然资源枯竭、能源短缺和环境污染等一系列问题。第三，存在片面认识先进技术的问题。部分人认为技术是万能的，只看到了技术的优点，对其负面影响视而不见。人们通过技术来解决生产和生活中遇到的各种问题，夸大了技术的正面作用，认为人类社会中存在的全部问题，只要使用先进技术就能轻松解决。没有注意到，先进的技术可以提高社会劳动生产率，但同时也会导致人类的自然资源破坏力增强。

3. 积极发挥生态科技观的作用

要克服传统科技观的不足，使人与自然的关系不再进一步恶化，科学技术的发展模式就必须向生态化转变，树立生态科技观。积极发挥生态科技观的作用，必须认清三点。第一，自然界是客观存在的，自然资源是有限的。科学技术要承认自然界的价值，不能也不应该以“征服自然”为目标。要清醒地认识自然界的客观规律和自然资源的有限性，认识到科学技术的发展就是要促进人与自然的和谐共处，人类只是自然生态链条的一环，人类要与自然协同进化，并将自己的活动限定在规定的范围内，才能获得长远的发展。第二，科学技术不是万能的。科学技术对自然界物质、能量和信息的改变，解决了人类生活中的问题，并且，在自然改造方面有着至关重要的作用，但是其不是无所不能的。科技无论怎样发展，都解决不了人的思想、信念与道德问题，代替不了自然存在。发展科学技术必然是符合自然规律内在要求的，脱离了自然规律必将是瞎干、蛮干。第三，发展科学技术具有双重意义，既要服务于开发利用地球资源，又要服务于维持地球生态平衡，二者不可偏颇。我们在使用这些新科技的同时，更要考虑它们给人类带来的负面影响，一切都要以“健康、和谐、恒久”为目标，这样才能够实现人类社会的可持续发展。

十八大会报告中，美丽中国第一次被明确为生态文明建设的宏伟目标，将生态文明建设纳入总体规划。这代表着，政府将持续执行节约资源和环境保护的基本国策，并且始终坚持以节约优先、保护优先、自然恢复为主的方针，专注于绿色、循环和低碳为核心的发展方向，抓住污染源头，彻底遏制生态环境的恶化，创造美好环境。党中央始终关注科技人才队伍建设，站在党和国家事业的全局战略高度，从“尊重人才、关爱人才”，到“育才、引才、聚才、用才”，再到多次强调“不拘一格降人才”，对我国科技人才事业工作做出了一系列重要指示，为我国加快建设世界科技强国指明了方向。2019 年 1 月 8 日，国家科学技术奖励大会在北京人民大会堂举办。习近平总书记为获得 2018 年度国家最高科学技术奖的两位院士颁发奖章、证书，同他们热情握手表示祝贺。习近平总书记再三强调“科技创新”“制度创新”“人才创新”的重要性，这激励着广大的科研人员投身于技术创新，是绿色科技事业发展的重要指导思想。

并且，生态文明建设不是单纯地追求绿色技术的研发和应用，而是将科技与经济融合，促进经济高质量、高效益发展，提升国家经济方面的竞争力，创造更多的物质财富，实现共富。如今，国际上已经形成了以技术来推动环境和经济协调发展的趋势，各国纷纷研发清洁技术、低碳技术、节能技术，并将其与生产融合，从源头上降低污染物排放量，加强生产过程控制能力，促进产业结构的优化和升级，同时强化区域性生态环境问题解决过程中科技进步的支撑能力。

二、生态文明建设的绿色科技支撑

（一）生态文明建设的绿色科技支撑基本内涵

1. 生态文明建设的绿色科技支撑的含义

支撑是指某物对于另一物的基础性和决定性力量或者作用。科学技术对当代经济和社会发展的支撑作用是显而易见的，为人类社会创造了巨大的经济和社会效益。科技支撑就是通过恰当的科技运行机制，形成完整的运行体系，使科技真正成为内生变量，支撑并推动社会经济的发展。根据马克思的观点，科学技术本身就是一种潜在的生产力，只有投入生产才能变成现实的、直接的生产力。科技支撑体系是生态文明建设的重要基石和强大支撑。这一科技支撑实际上就是绿色科技支撑体系。这个体系作为一个有机系统，受到社会经济系统的领导，内动力为绿色科技资源，并经相关科技组织运作后，转化为满足生态文明建设需求的绿色科技产品。可以说，科技支撑保证了社会经济的发展与进步。

2. 主要内容

一般来说，绿色科技运行的支撑体系包括科技运行体制、科技政策、科技法规建设、科技奖励机制及科技教育五个方面。生态文明建设的科技支撑体系的主要内容也基本涵盖这五个方面。

（1）生态文明建设的科技运行体制

生态文明建设的科技运行体制包括内在机制和外部连接机制。内在机制包括较高的科技投入水平、合理的科学活动结构和科学活动规范、健全的知识产权立法、高效的科研组织管理等内容。外部连接机制主要是指将循环经济科技进步与整个经济社会发展有机联系起来的连接机制。

（2）生态文明建设的科技政策

生态文明建设的科技政策主要指要顺应时代发展及时制定科技战略和政策。在保障科技系统的正常运行方面，合理的科技发展战略是极其重要的外部条件。作为社会大系统中的一个子系统，科技系统必须及时进行优化。

（3）生态文明建设的科技法规建设

主要针对的是循环经济立法工作的不足之处，加大科技立法和执法力度。

（4）生态文明建设的科技奖励机制

人的行为都是在某种动机下为了达到某个目标的目的性活动。从心理学上解释，科技奖励制度的运行就可以被看作一种符合和满足人们心理需求的激励机制。

这有利于激发主体的主动性和能动性进而产生积极效果。科技奖励机制是否良性，直接关系着科技发展的进程是否顺利。

（5）科技教育

主要是提高科技教育的质量，明确科技教育的专门机构，整合科技教育的资源。

（二）发达国家生态文明建设科技支撑的基本经验

1. 资金投入充足

发达国家一直重视生态科技支撑体系的发展和完善，科技资金投入是生态文明建设科技支撑的有力保障。加大对生态科技支撑的资金投入是发达国家的普遍做法，尤其是进入 21 世纪以来，由于国际金融危机的严重冲击，发达国家纷纷加大对科技创新的投入，加快对新兴技术和产业发展的布局，将绿色能源的研发作为经济复苏的重中之重，力求通过发展新技术、培育新产业创造新的经济增长点，减少经济危机带来的不利影响。

2. 完善的法规体系

发达国家普遍建立了相对完善的生态经济科技法规。美国、日本、西欧等发达国家和地区从 20 世纪 60 年代起就进行了环保立法，其后几十年不断修订补充，现在颁布实施的环保法规达数百部，涵盖空气、土地、水务、能源、废物及再利用等广泛领域，使得循环经济、环境保护有法可依、有章可循。其执法也十分严格，巨大的经济压力、舆论压力、社会压力使得政府、企业、社会组织、公民个人都不敢再以身试法、越雷池半步，如美国出台了多个“按日处罚”的法规，涉及“按日处罚”的环保法律规范比较多，主要包括《清洁水法》《清洁空气法》《有毒物质控制法》《环境责任法》等。《清洁水法》规定，对处于持续状态的环境违法行为，可以按日计算罚款数额，处以每天不超过 1 万美元的罚款。新加坡甚至采用重罚手段惩治环境违法行为，新加坡《环境污染控制法》用多达八个条款规定了对环保违法行为实施连续处罚的不同情形。例如，该法第 16 条规定，对违法排放污水的，在处以罚款和拘留的同时，在违法行为持续期间，每天处以 1000 新元以下罚款；再次实施环境违法行为的，在处以罚款和拘留的同时，在违法行为持续期间，每天另处 2000 新元以下罚款。又如，该法第 17 条规定，向河流排放有毒有害物质的，在处以罚款和拘留的同时，在违法行为持续期间，每天另处 2000 新元以下罚款。

3. 环保教育比较到位

科技的发展离不开意识的塑造。发达国家非常重视环保教育。发达国家希望通过增强公民的环保意识，逐步培养有规模、有实力的科技队伍。例如，在环保问题上，法国的不同阶层达成了共识，即只有得到大众的积极支持，环保工程才能够切实推行，否则即使政策和法规再完善，也只是一纸空谈，难以真正落实和执行。基于这一共识，各级环保机构和环保组织在环保工作中鼓励民众和非政府组织代表参与管理，他们广泛征求不同群体的看法和意见，集聚众人智慧，制定从环保法规到排污管理费等大大小小政策，以提高环保法律、法规和制度的可行性和有效性。例如，德国是世界上环境质量较好的国家之一。这既归功于德国完备的环境立法，更应归功于德国对环境教育的重视。德国教育界认为，人们热爱环境才会保护环境。德国有 370 多个森林幼儿园，这类幼儿园改变了传统、封闭的教学环境，使孩子们完全投身于自然界，身临其境地感受风霜雨雪，观察春夏秋冬。在森林幼儿园中孩子们无拘无束地亲近自然，感受人与自然的和谐统一。

4. 科技研发推力很大

发达国家把循环经济科技研发放在了非常重要的位置。发达国家的环保技术正向深度化、尖端化方面发展，产品不断向普及化、标准化、成套化、系列化方向发展。近年来，环保产业正在不断引入新材料技术、新能源技术和生物工程技术，以推进环保技术的发展。以法国为例，法国大大小小的环保机构都在环境科学领域投入了大量研究资源，他们在研究时从具体的环境问题入手，研究和完善环境科学理论，研发和革新环境保护技术。这样的研究方式推动了法国的环保科研发展，使之位居世界前列，其首都巴黎的各种污染物和垃圾处理厂中都应用了新型环保设施和装备，普遍利用新型生物技术、资源循环利用技术、自动化技术等，真正地将垃圾转化为二次资源。

（三）加快推进我国生态文明绿色科技支撑体系建设

1. 正视我国生态文明绿色科技支撑体系建设的现状

加快推进我国生态文明绿色科技支撑体系建设是一个系统工程，既要实现其内部各因素水平的提升，也要完善相应外部机制建设。虽然我国已经在环境科研上有了很大的进步，也转化了许多成果，但是与欧美等国家之间仍存在差距，这主要表现在以下几个方面。

（1）需要继续提升环境管理决策中一些热点问题的科研支撑能力

就整体而言，我国当下的环境科技研究仍旧过分重视理论研究，与实际的环境保护工作相对分离，未能将理论转化为能够解决实际问题的科技成果。尤其是对于一些热点问题，包括区域大气污染防治、流域水环境保护、农村生态环境保护、重金属污染防治、污染土壤修复、突发环境事件应对等，仍没有形成充分有力的科技支撑。从宏观上看，环保产业创新能力有待提升，需要进一步提升工艺材料、关键技术和设备水平。

（2）基础性研究需要进一步加强

在我国经济快速发展的背景下，出现了许多复杂的环境问题，对此，当前的环境保护基础性研究和应用型研究难以做出有效应对。对于一些环境问题形成的原因、机理和机制没有做出深入研究，没有形成系统化的研究成果，对于一些环境污染的过程、演变规律，以及污染物的传输和控制途径的研究难以对实际的环境治理工作提供有力帮助。尤其是在环境基准研究上，还处于尚待开发的状态。环境监测理论体系还未健全，需要继续深入研究。除此之外，还需加强应对突发环境事件的基础理论和规律研究。

（3）现有环境科技体制机制和人才队伍难以适应科技创新的需要

在我国现阶段的环境科技支撑体系建设中，一个十分明显的问题在体制机制上，即尚未构建出完善的科技创新体系，环境科技投入没有获得理想效果。对于公益性科研机构，没有建立足够稳定的投入机制，无法系统地、持续地开展科研工作，进而导致科研支撑体系缺乏后劲，不能为整体环境治理工作提供支撑。环境科研成果转化不足，导致环保产业的深入发展和成熟化受阻。在环境科技领域的创新基础能力相对欠缺，同时也缺乏足够的专业人才支持。

2．多措并举推进生态文明绿色科技支撑体系建设

（1）提高科技保障体系的规制化水平

一方面，要保证实际出台政策的延续性和执行性；另一方面，继续加强可持续发展方面的立法工作，研究、制定一些新的法律法规，加快修改完善现有法律法规，形成基本完善的生态科技法律制度。各地区要按照国家法律法规，根据当地实际情况，制定实施一些地方性法规，以促进各地区循环经济发展。要提高全社会的公共监督和法治化管理水平。加强执法队伍建设，加大执法力度，注意发挥新闻单位、社会中介组织的监督作用，切实保障各级政府和执法部门依法行使管理职能。

（2）深化绿色科技体制改革以提高决策能力水平

对于生态文明建设而言，科技体制改革是其重要的内生动力来源以及有力支撑。其需要专注于四个方面的任务：首先，根据绿色科技发展和环境治理工作的主题、主线和现实要求，建立并完善科技决策机制和宏观协调机制，通过这两个机制，有力地推动社会中各种科技资源的集成、整合与优化配置，从而推进科研布局优化和结构调整；其次，需要积极推进以企业为主体、以市场为导向、产学

研密切结合的技术创新体系建设，让企业在技术创新体系中成为真正的主体，积极主动承担绿色科技研发投入、创新和成果推广的责任，全方位增强企业自主创新能力，促进科技成果更快、更有效的转化，使之服务于现实生产力；再次，构建科技的区域创新体系，对区域内的创新要素进行集成、整合，支持国家优势科研单位之间的紧密协作；最后，构建协调发展机制，提供更有效的科技中介服务，并加强市场监管，以引导产业健康发展。

（3）强化环境绿色科技支撑体系建设能力

拓展研究领域，夯实研究基础，提升研究水平。首先，坚持为环保决策和监督管理服务，在此主要思想下，始终将环保基础研究和应用基础研究作为长期的系统性的主要任务，并设置建设高水平科研团队、提升环境基础科研水平的目标，从而加强实验室建设，打造若干个国家环境保护重点科研单位、示范实验室。其次，科研工作要联系实际，关注国内环境治理工程对环保技术的现实需求，将科研重点放在一些共性技术和关键技术上，为整体的环境治理工作提供技术支撑，重点关注对环保科研成果的整合，并构建成一定的体系，将这些科研成果转化、开发为能够用于实际工程的技术，推动这些科研成果和技术的产业化，从而为国家环保决策与监督管理服务，为其提供有力支撑。最后，以重大环境问题的形成原因、机理和机制的探索为基础，将工作重心放在长期检测、试验研究上，为生态环境研究和决策提供技术支撑，推动环境绿色科技可持续发展。

三、绿色生态科技的研发、推广与应用

（一）树立正确的绿色科技发展理念

1．正确把握科学技术与生态文明建设的良性互动

我们必须充分发挥主观能动性，面对科学技术这把“双刃剑”，我们要扬其所长，避其所短。一方面，我们要依靠科技进步，推动经济发展，解决资源危机，改善生态环境，促进人的全面发展，推动社会进步，推动生态文明建设的发展；另一方面，我们要按照可持续发展的要求，正确合理地选择科学技术，促进科学技术的发展。要努力实现科学技术对可持续发展的促进作用和可持续发展对科学技术的规范作用的良性互动。

（1）科技发展是生态文明建设的内在动力

生态科技通过技术创新与进步，能够给生态文明建设提供智力支持，是生态文明建设的内在动力。只有利用先进的生态技术，才能解决生态文明建设中遇到

的各种复杂问题，才能实现有效治理、和谐治理的目标。例如，目前十分迫切的草原鼠害严重、草场稀疏沙化、草质抗逆减退等问题，不仅导致了北方生态危机，而且已经影响到中原地区甚至南方地区的生态。引入杂交技术改进草质，增强其抗逆能力，降低鼠害威胁，综合治理沙化，恢复草原生态，对北方地区及中部地区，甚至整个国家都有积极作用。

（2）生态文明建设的良性发展有利于生态科技的进一步发展

生态文明建设是一个系统工程，调动着社会生产经济中的多种要素，它也是社会资源有效整合的一个过程。它的进程必将影响生态科技的进一步发展。生态文明建设要求科学技术发展的各要素实现科学整合，进而优化资源，提高科技发展水平。在我国，生态文明建设以科学发展观为引领，因此，科学技术发展创新要想适应生态文明建设的需要，就要在科学发展观的指导下，面向经济发展和环境保护的主战场，积极探索中国生态环境保护、资源开发和高效利用的新道路，解决经济发展和生态环境保护过程中出现的问题。其主攻方向在于加快发展循环经济、绿色产业、低碳技术，走新型工业化道路，推动经济建设又好又快地发展。如果科学技术发展不遵循生态文明建设的基本要求，其发展必然造成恶果。总之，绿色科技与生态文明建设是相互促进、相辅相成、共同发展的，没有科技的明显进步，生态文明建设不可能取得成功；没有生态文明建设的整体推进，科学技术也不可能有良好的发展结果。

2．树立新型的科学技术价值观

就科技自身来讲，科学技术有着两面性：既可以造福人类，也会给人类带来问题。但从人类的长远发展来说，为了解决当下面临的社会问题和全球性问题，我们必须继续推动科技的进步。毋庸置疑，科技推动着人类社会的发展，但是也要认识到这不是人类社会发展的唯一推助力。因此，大力发展科学技术，就要趋利避害，要使科技发展与社会发展相适应。在生态文明建设的社会背景下，对于科技的发展和应用，我们应该以生态价值观为指导理念。从理论上来看，此价值观能够提供一种新的视角和观点来解决传统经济理论导致的外部非经济性问题；从实践上来看，此价值观能够引导人们立足于综合效益来看待和评估科学技术成果的价值，避免传统评价中的指标单一化问题，以及因此造成的片面性评价和认识问题。建设生态文明，必须坚持科学的价值取向、科学价值观，不可盲目滥用科技手段，应该综合考虑自然、社会和人类的整体利益，确保三者的和谐发展。科学价值观强调，不仅要追求经济效益，与此同时也要重视社会效益和生态效益；资源的开发利用不可过度，要正确认知资源和环境的承载力不是无限的；发展社会生产要立足当下，放眼未来，综合考虑当下和未来的人类发展需要，不以透支未来人类利益为代价发展。综上所述，新的科技伦理观和价值观要求以生态系统的整体原则为基础，兼顾人类和其他生物群落的利益。换句话说，只有那些有益于人类的可持续发展和完善整个生态系统的科技行为才被定义为“善”，而那些相反的行为则被视为“恶”。

3. 建立科学的科技伦理观念

按照传统的科技伦理观，人类被视为自然的主宰者，不必考虑自然的物质循环和物质局限，人与自然之间不存在伦理约束，主张通过科学技术来征服和支配自然，使其变成人类的奴隶。这一观念的指导下，人类肆无忌惮地以科技谋求人类福祉，忽视了保护自然和生态的重要性，这就是为什么现在的环境问题如此严重，为什么人类的持续生存受到了环境恶化的严重威胁。社会主义的生态文明的建设，要变革以往的人类中心论和科学决定论，构建科学的科技伦理观，要求在发展和利用科学技术时着眼于人、自然与社会发展的和谐统一，这是人类理性思考的结果，它体现着人类对自然生态的人文关怀。我国建构社会主义和谐社会，应该在科学发展观的指导下，追求自然、人、社会的和谐发展。

（二）积极开展科技研发、应用与推广

1. 水污染防治领域

水污染防治领域主要包括四个方面：流域综合整治技术研究与示范，支撑水质改善；“从源头到龙头”全过程技术研发与示范，保障饮用水安全；近岸海域污染防治与生态保护研究；地下水污染防治研究与示范。我国初步构建了水污染治理和管理技术体系，水体污染控制与治理科技重大专项（以下简称水专项）按照“一河一策”“一湖一策”的战略部署，在重点流域开展大攻关、大示范，突破1 000余项关键技术，完成了229项技术标准规范，申请了1 733项专利，初步构建了水污染治理和管理技术体系。应当认识到这一点：不可简单地将水专项视为一个科研项目，仅仅凭借专家的科学研究来推动。相反，需要各方力量，既需要政府、专家的不懈努力，又需要将企业和社会各界的力量整合起来，形成合力，共同参与到水专项工程中来。此外，还需要重点利用环保和住建行业主管部门的优势，不断提升水专项对地方治污需求的科技支撑力。在流域水质治理的过程中，必须将治污重点工程与水专项紧密结合，重点统一地方责权利。

2. 大气污染防治领域

大气污染防治领域主要包括区域大气复合污染与灰霾综合控制研究、城市空

气质量改善综合技术研究与示范、区域大气污染物总量削减技术开发和示范、环境空气质量管理关键技术研究和室内空气质量改善技术研究五个方面。大气污染的主要来源是工业排放和机动车尾气排放，目前人们谈论的大气中的主要污染物是指二氧化硫、二氧化氮、臭氧和总悬浮颗粒物。大气中的二氧化硫主要来源于各类工业排放气体，在工厂比较集中的地区，二氧化硫的浓度往往较高。排放到大气中的二氧化硫在适当的气候条件下（如逆温、微风、日照等），极容易形成硫酸雾和酸雨，从而对人体健康（尤其是损害呼吸系统和皮肤等）和农作物等造成很大的危害。2018 年 1 月，我国中东部地区相继出现四次大范围雾霾天气，影响 30 个省（区、市）。专家指出，雾霾天气之所以形成，之所以持续，很大程度上是因为静稳天气和污染排放。这是大自然对人类的警告，我国的大气污染亟须治理，必须马上采取措施，加大力度整治污染物的违规排放，研究和强化生态环境治理。

3. 生态保护领域

生态保护领域主要包括区域/流域生态保护研究、城市生态保护研究、农村生态保护研究、资源开发区和重大工程区生态保护研究四个方面。我国当前生态保护领域面临的问题很突出，必须引起足够的重视，如随着乡镇企业的不断壮大，农村经济面貌焕然一新的同时，也出现了大量的环境问题。由于乡镇工业与农业环境密切相关，其排污会对农田和作物造成直接污染。有关调查显示，遭受工业“三废”及城市垃圾危害的农田已有 1 亿多亩，乡镇工业“三废”排放量成倍增加。乡镇工业带来的不仅是严重的环境问题，还有巨大的资源破坏和资源浪费问题，必须对其做出严格控制和有效引导，遏制和扭转农村环境污染和资源问题。

4. 固体废物污染防治与化学品管理领域

固体废物污染防治与化学品管理领域包括固体废物源头减量和再生利用技术研究、固体废物无害化及稳定化处理技术研究、危险废物污染控制与管理技术研究、化学品及化学物质环境管理支撑技术研究四个方面。固体废物及有毒化学品的环境管理工作有三部分：第一，对工业固体废物、城市生活垃圾污染环境的监督管理；第二，对有毒化学品及农药污染环境的防治工作；第三，固体废物、有毒化学品进出口审查登记和有关固体废物及有毒化学品的国际公约的履行。因此，固体废物污染防治与化学品管理领域的科技研发、推广与应用，必须紧密围绕这三项实际工作进行，才能起到实效。

5. 土壤污染防治领域

土壤污染防治领域包括农村土壤环境管理与土壤污染风险管控技术研究、典型工业污染场地土壤污染风险评估和修复研究、矿区和油田区土壤污染控制与生态修复技术研究、土壤环境保护法律法规和标准制定研究四个方面。近年来，由于人口急剧增长，工业迅猛发展，固体废物不断向土壤表面堆放和倾倒，有害废水不断向土壤中渗透，大气中的有害气体及飘尘也随雨水不断降落在土壤中，导致了土壤污染。这既降低了土壤的使用效果，也间接对人类健康造成了危害。在积年沉淀后，我国土壤重金属污染正进入集中多发期，必须加快对土壤污染防治领域的科技研发、推广和应用。

6. 绿色经济、清洁生产和循环经济领域

绿色经济、清洁生产和循环经济领域包括低碳经济环境评估和绿色经济发展对策研究、工业污染预防和过程控制技术研究、重点行业清洁生产和废物循环利用技术研究三个方面。中国在技术研发方面投入的人力、物力低于发达国家，这就导致我国在清洁能源开发方面相对落后。在这样的背景下，我们应该加大低碳技术的投入力度，出台新能源发展规划。同时，学习发达国家的技术，完善清洁能源发展机制，促进中国低碳技术的发展。我们还应该积极进行低碳技术创新，寻求技术突破，解决资源问题。

7. 环境与健康领域

环境与健康领域包括环境健康调查技术和相关政策研究、环境污染的人体暴露和健康风险评估技术研究、环境与健康综合监测与预警技术研究三个方面。根据世卫组织的评估报告，环境污染在我国居民的疾病负担原因中占 21%，高出美国 8%。可以明显看出，环境污染已是当下我国居民健康的主要威胁之一。如今，我国的环境和健康问题的特点主要有四个方面。首先，污染情况复杂，复合污染严重，环境污染问题既包括传统型又包括新型问题。其次，人群长期接触污染物并暴露在污染之中，累积的污染总量对健康造成的不良影响无法快速消除。再次，城乡之间的污染差异十分明显。城市地区的主要问题在于大气污染，而农村地区则主要受水污染和土壤污染的影响。最后，缺乏基础卫生设施，因此而形成的传统环境与健康问题依旧存在。与此同时，随着工业化和城市化的不断推进，新的环境和健康风险出现并持续恶化。所以，我们应当着重进行环境健康调查和研究，其中，尤其要重点针对饮用水安全问题和空气、土壤污染等严重的环境问题采取措施，有效解决，并且对环境风险进行提前防控，强化环境与健康风险评估能力。

第三章　绿色发展概述

本章主要为绿色发展概述，以期读者能够对绿色发展有一个基础的认知，以下主要从绿色发展的内涵、绿色经济、绿色生产、绿色生活四个方面展开详细论述。

第一节　绿色发展的内涵

我们认为绿色发展指以革新社会制度，加大对具有自主知识产权、节约资源和环保的科学技术的研发力度，并以强化此类技术的应用为重要途径，不断优化规划设计、工业制造及社会管理，最大限度地利用资源和能源，获得最大化的效率净现值、最小化的废弃物排放量，实现绿色生产和绿色消费的良性互动，同时促进城乡和区域的协调发展。利用数字化和智能化技术，实时监控和调节生活和消费过程，最大限度地利用人力资源优势，实现经济持续增长，实现社会人文水平和生活质量持续提高，最终实现人类、社会与自然的协调可持续发展。

“制度”一词，古已有之。中国古代的《商君书》中就有以下叙述：“凡将立国，制度不可不察也，治法不可不慎也，国务不可不谨也，事本不可不抟也。制度时，则国俗可化，而民从制；治法明，则官无邪；国务壹，则民应用；事本抟，则民喜农而乐战。”[①] 按照《辞海》的解释，制度的第一含义就是要求组织成员共同遵守的、按一定程序办事的规程。汉语中的“制”有节制、限制的意思，“度”有尺度、标准的意思，两个字的结合表明：制度是节制人们行为的尺度。[②] 本书所指的社会制度的创新不是指宏观层面的社会主义制度，而是指对各种各样约束或引导社会成员行为的具体规则的创新。

加大对具有自主知识产权、节约资源和环保的科学技术的研发力度，并强化此类技术的应用，就是要依靠科学技术的进步来促进经济社会发展。技术乐观主义和技术悲观主义的观点都有其片面性，历史的发展告诉我们，经济增长的主要

① 商鞅，韩非．商君书[M]．长沙：岳麓书社，1990．

② 洪大用．社会变迁与环境问题[M]．北京：首都师范大学出版社，2001．

因素不是原材料或劳动力，而是先进的科学技术。具体说来，要重点开展以下几项工作。第一，采用可再生的且不会引起环境污染的资源去代替消耗性资源。目前普遍认为以植物为主的生物质资源将是人类未来的理想选择。据估计，作为植物生物质的最主要成分，木质素和纤维素每年以约 1 640 亿吨的速度不断再生，但至今人类只利用了其 1.5%。因此要加大木质素降解等方面的基础性研究。第二，大力开发可再生能源，发展清洁能源。积极利用太阳能、风能、生物能、海洋能等未来新能源，从现在"以煤为主"的能源结构，逐步转向"以可再生能源为主"的能源结构。目前，尤其要注重洁净煤技术的研发。第三，加强科技创新工作，积极推动信息技术的革新和进步，并使更多的核心技术拥有完全自主的知识产权。第四，要构建、健全和优化技术评估和控制的机制、体系，以预防技术可能带来的负面影响。

不断优化规划设计、工业制造及社会管理要求，从国土空间规划设计入手，思考如何实现经济增长、社会发展与生态平衡的相互协调，并将这一思路融入工业制造和社会管理的各个环节和方面，以达到在最小的投入下获得最大的产出的目标。以工程技术领域为例，由于人们主观意识浸入其中，最优化现象表现得十分突出和明显。例如，设计一个机械系统，能够计算调节达到最高的生产效率；建设一个水利工程，能够计划运筹获得最大经济效益；开发一个自然资源，可以精心组织得到最理想的结果；还可以在现有设备和原材料条件下，合理安排工艺技术，使产量最高、质量最好；在保证产品质量和数量的前提下，使消耗最小、生产周期最短；在新产品试制中选取合适的参数，使新产品质量最好、用料最少、选价最低；在科学实验中巧妙安排，使费用最省、时间最短、效果最好等。这一切的共同特点，就是选择最合适条件，可以使结果相对于某个标准达到最优。①

最大限度地利用资源和能源，获得最大化的效率净现值，需要将目光放在强化社会总需求控制、减少需求对应的资源和能源的单位数量、削弱单位资源和能源所带来的环境影响上，通过三种基本手段，即管理社会总需求，节约资源、使用高效能和高利用率的资源，保护环境并使用低污染资源，以此充分发挥社会公众、政府和企业的作用，推动资源节约和环境保护。

废弃物排放量最小化就是摒弃"先污染，后治理"的理念，强化从源头防止污染和废弃物的循环利用。例如，在设计化学物质合成方法时，应尽量采用原子经济性高的反应，尽可能不使用、不产生对人类健康和环境有毒有害的物质，选

① 舒伟光 . 自然辩证法原理 [M]. 吉林：吉林人民出版社，1984.

用高选择性的催化剂，使化工产品使用功能终结后，能分解成可降解的无害产物；对已有的非绿色化学产品进行重新设计，在设计新的化学品时不仅要注重功能，更要注重安全；提倡综合利用，实现废物资源化。

实现绿色生产和绿色消费的良性互动的同时促进城乡和区域的协调发展，这指的是调整社会管理工作，采取多样化的激励政策，以此推动绿色生产和消费模式的构建，发展国家自主创新能力，推动绿色工业和绿色农业的发展；以此促进生活方式变革，推动城镇化进程，提升公众在绿色发展中的参与度。

利用数字化和智能化技术，实时监控、调节生活和消费过程，同样是降低资源浪费的重要方式，如实时监测环境污染变动情况、工业的排污情况等。

最大限度地利用人力资源优势，这指的是以宏观调控手段，合理控制人口自然增长率，增强全国人民整体素质，调整人口结构和分布情况，构建符合中国国情的人口与自然资源最优结合的模式。

实现经济持续增长、实现社会人文水平和生活质量持续提高指的是革新经济发展模式，基于对各类资源的储量、自然的承载能力、环境的自净能力、区域生产能力、进程稳定能力以及管理协调能力等方面的因素的综合考虑，推动经济发展。其应该优先考虑人的全面发展，以此推动人文水平和社会生活质量的稳步提升。在 1996 年第六届亚洲社会学大会上，与会人员针对社会可持续发展的评价，提出了一套指标体系，主要用于评估社会反应能力。这一指标体系中包含十个主要指标，分别是：社会稳定度，这一指标主要评估的是社会维持秩序的能力；社会安全度，这一指标体现在自我约束的社会合法行为能力当中；社会保障度，指社会福利支配能力；社会舒适度，指的是在可持续发展的社会中，环境应当具备的净化能力，以及在人类居住和工作环境中，环境所具备的使人感到愉悦、促进人们身心健康的作用；社会公益度，指的是在现实的日常生活中，社会中的个体具备的自助和互助能力；社会抗逆度，指的是社会整体具备的自救和互救能力，是在突发灾害面前，做出理性决策和行为的物质准备和精神准备；社会满意度，指的是社会准则的认识能力；社会文明度，指的是社会公德的约束能力；社会控制度，指的是社会管理的能力；社会自主度，指的是社会恢复重建的能力。这十大指标的高低充分反映了社会生活质量的高低。

实现人类、社会与自然的协调可持续发展，就是将地球和其局部区域视为一个复合系统，其中包括自然、社会、经济、文化等多种因素。这些因素之间紧密相连，彼此影响并彼此制约，同时也在持续变化。绿色发展社会把人看做是自然界的一部分，强调人虽具万物之灵，但更是自然之子，人类的发展生存应该与自然的发展生存相一致，即人类在发展，自然界也在发展而不是生态环境的恶化，这就为后代的发展留下了空间。绿色发展社会是一个经济进步、社会公平的社会，经济发展了，才能消除贫困，人民富裕了，才有利于实现社会公平。

综合上述分析，绿色发展是一种基于科学发展观的全新发展理念，是基于对多种发展模式的对比分析，建立在我国国情之上的，关于经济社会可持续发展的具体发展方式。此理念指出，环境与发展问题的成因十分复杂，然而发展方式是其中最为主要的成因，利益冲突是问题的症结，这种冲突不仅存在于人与人之间，还存在于人与自然之间。解决问题的主要途径就是，以系统论为指导，从社会和技术结合的视角出发，对人与人、人与自然的利益关系进行调整、整合，进而促进社会、经济健康发展。这一理念的科学性体现在对自然规律、经济规律和发展规律的遵循上。要实现绿色发展，就要采取这样的方式：改革社会制度，打造公共服务型政府；发展绿色文化，提升国民整体文明水平；重点研发和应用具有自主知识产权的、资源节约的、环境友好的科学技术，加快绿色改革进程，构建并发展绿色生产和消费模式，实现绿色生活方式的形式；协调并统筹城乡、区域发展，促进国家的工业化进程、城镇化进程及农业的现代化发展；大力发展经济，循序渐进地消除物质贫困和知识贫困，最大程度地发挥人力资源优势，强化公众参与和推动绿色发展的意识，促进人的全面发展。绿色发展的最终目标是实现人、社会、自然的和谐发展。

第二节　绿色经济

一、绿色经济的基本概念

工业革命以来，随着科技进步以及生产力水平的不断提高，人类社会、经济得以迅速发展，与此同时，人口、资源与环境之间的矛盾日渐突出。在污染治理和生态环境保护成为影响人类社会发展的重要问题之一时，学术界和各国政府就开始探讨如何能在减少对环境破坏的前提下，有序地发展社会经济，提高人类生活水平，保护改善生态环境。传统工业时代的高污染、高耗能、高资源消耗的经济形式，即通常意义上的褐色经济，虽然创造了可观的经济收入、带来了大量的就业机会、提供了众多的工业产品，但其伴生的严重环境污染、生态破坏及发展的不可持续性，逐渐受到人们的重新审视和评判。

（一）绿色经济概念形成的背景

1972 年，联合国人类环境会议中发布了《人类环境宣言》，旨在激励和指导全球各个国家和地区的人民保护和改善自然环境；而后创办联合国环境规划署，自此环境保护正式成为人类发展议程。1972 年，罗马俱乐部在《增长的极限》中，提出了一种前瞻性的想法，即以强有力的可持续性模式来取代无限增长的褐色经济模式。

1989 年的《绿色经济蓝皮书》第一次提出了"绿色经济"的概念，主张经济发展应当建立在自然环境和人类的承受力基础之上，第一次提出立足于社会和经济条件，建立一种"可承受的经济"；不过书中并没有对绿色经济进行明确定义，仅对于其蓝图进行了模糊的阐释。

2009 年，联合国环境规划署发表《全球绿色新政政策纲要》，倡议世界经济向绿色经济转变。2011 年联合国环境规划署发布了《绿色经济报告：发展中国家成功的故事》，将绿色经济定义为可促成提高人类福祉和社会公平，同时显著降低环境风险与减少生态稀缺的经济。同年，环境规划署在北京首次发布了绿色经济综合报告《迈向绿色经济：实现可持续发展和消除贫困的各种途径》，提出绿色经济不仅会实现财富增长，而且还会产生更高的国内生产总值增长率，并呼吁加大对劳动力的技能培训、积极绿化 10 大核心经济部门①。

在 2012 年举行的联合国可持续发展大会，也称为"里约 +20"峰会，提出了绿色经济的全新理念，旨在推动经济模式的转型。所提出的绿色经济新理论有两个特征：一是以可持续性发展的绿色理念为基础，突出了地球关键自然资本必须得到保护、不应该有所减损，这表示经济社会的发展不能不顾及地球的边界和自然极限；二是提出了包含自然资本在内的生产函数，要求绿色经济在提高人造资本的资源生产率的同时，要将投资从传统的消耗自然资本转向维护和扩展自然资本，要求通过教育、学习等方式积累和提高有利于绿色经济的人力资本②。

从上述绿色经济的理论发展和形成背景看，绿色经济理念是伴随着人类认识和探索如何解决环境污染和生态破坏问题、实现生态环境和社会经济协调发展的历程逐步形成并发展完善的，也是对在 1992 年联合国环境与发展大会上首次提出的可持续发展概念的进一步深化和完善。

---

① 彭斯震，孙新章．中国发展绿色经济的主要挑战和战略对策研究[J]．中国人口·资源与环境，2014，24（3）：1—4．

② 诸大建．从"里约 +20"看绿色经济新理念和新趋势[J]．中国人口·资源与环境，2012，22（9）：1—7．

（二）不同视角的绿色经济

绿色经济所包含的具体理念内涵丰富，国内外各机构和学者开展了多种不同形式的研究和探讨，具体可从宏观和微观两个视角展开。

1. 宏观视角的绿色经济

宏观视角上的绿色经济，指的是宏观经济层面，即面向社会、经济和生态环境的综合、协调和可持续的发展。

英国环境经济学家戴维·皮尔斯在《绿色经济蓝皮书》中首次提到“绿色经济”一词，但并没有明确定义绿色经济。联合国环境规划署通过多份研究报告和国际环境大会，逐步确立了一个广受各方接受的绿色经济概念。

在我国的学术界和政府部门，对于绿色经济亦有更符合中国国情的观点。早在2001年，中国生态经济学家刘思华就在《绿色经济论：经济发展理论变革与中国经济再造》[①]一书中界定了绿色经济的概念，即绿色经济是可持续经济的实现形态和形象概括，它的本质是以生态经济协调发展为核心的可持续发展经济。我国经济学家成思危在2010年一次会议上的发言认为，绿色经济是中国当前可持续发展的重点，绿色经济意味着将“三低”（低污染、低排放、低能耗）作为当前经济发展的重点。在未来相当一段时间，中国能源需求还会合理增长，但绝不重复发达国家传统的发展道路，也不会靠无约束地排放温室气体来实现经济发展，中国将把应对气候变化作为国家重大战略纳入国民经济和社会发展的中长期规划，大力发展以低碳排放、循环利用为内涵的绿色经济，逐步建立以低碳排放为特征的工业、建筑、交通体系，加快形成科技含量高、资源消耗少、经济和环境效益好的国民经济结构。

2. 微观视角的绿色经济

微观层面的绿色经济，即为绿色产业。所谓绿色产业，一是指立足于可更新或可再生资源的可持续利用的产业，二是指那些虽然消耗不可更新资源但已经达到环保标准或满足清洁生产标准的产业。

比较典型的绿色产业，包括风力发电、光伏发电等形式的可再生能源的生产，森林养护、有机或绿色农牧渔业的开发，自然保护区、野生动植物栖息地保护、生态修复等建设，轨道交通线路、公共电汽车运输等公共交通领域设施运营，新能源汽车等低碳交通方式的运用，污水处理、烟气治理等污染物治理设施的运用，产业园区的循环化运行、资源回收再利用，等等。

① 刘思华．绿色经济论：经济发展理论变革与中国经济再造[M]．北京：中国财政经济出版社，2001．

对此类绿色产业的发展，世界很多国家都出台一定的鼓励和支持政策。例如，在推进绿色经济方面走在世界前列的欧盟，将治理污染、发展环保产业、促进新能源开发利用、节能减排等都纳入绿色经济范畴并加以扶持。此外，在发达国家的代表国家中，德国大力实施“绿色新政”，以绿色能源技术革命为核心；法国的“绿色新政”重点发展核能和可再生能源，涵盖了生物能源、太阳能、风能、地热能及水力发电等多个领域，还投资研发电动汽车等清洁能源汽车。

二、我国绿色经济发展规划

绿色经济的内涵很丰富，各类型的绿色经济均突出了其“协调性”的特质，总体上来看是一种可持续发展的经济，追求生态环境和经济的协调发展，将清洁生产和其他环保技术转化为先进生产力，保护资源和能源，维护生态环境。从本质上看，绿色经济是以可持续发展为原则，以传统的产业经济为基础，并且以资源、环境和社会的协调发展为内容，以经济、社会及自然环境的和谐为目的而发展起来的一种新的经济模式，是产业经济为适应人类新的需要而表现出来的一种形式。

我国自改革开放以来，国民经济快速发展，以数十年时间走过西方发达国家近百年的工业化发展道路。与此同时，中国也消耗了大量的能源与资源、付出了相当的生态环境成本，资源消耗、环境污染和生态破坏造成的影响已经不断显现。为从根本上转变国民经济的发展模式，发展可持续的绿色经济，我国进行了诸多的探索，制订了相应的发展规划。

2016 年 3 月，我国政府发布的《国民经济和社会发展第十三个五年规划纲要》中首次将“绿色”理念与“创新、协调、开放、共享”一起作为全面建成小康社会的指导思想，明确 2016—2020 年实现社会生态环境质量总体改善；生产方式和生活方式绿色、低碳水平上升；能源资源开发利用效率大幅提高，能源和水资源消耗、建设用地、碳排放总量得到有效控制，主要污染物排放总量大幅减少；主体功能区布局和生态安全屏障基本形成。

为促进绿色经济进一步发展，工信部印发了《“十四五”工业绿色发展规划》，计划到 2025 年，工业产业结构、生产方式绿色低碳转型取得显著成效，绿色低碳技术装备广泛应用，能源资源利用效率大幅提高，绿色制造水平全面提升，为 2030 年工业领域碳达峰奠定坚实基础。[①]

① 工信部．“十四五”工业绿色发展规划[R/OL]．(2021—12—3) [2023—7—27].https：//www.gov.cn/zhengce/zhengceku/2021—12/03/5655701/files/4c8e11241e1046ee9159ab7dcad9ed44.pdf.

环境保护立法方面，在全球范围内，绿色经济法规指的是以《联合国气候变化框架公约》《京都议定书》《哥本哈根协议》和《巴黎气候变化协定》四个具有里程碑意义的国际协议为框架的一个法律体系。我国与绿色经济相关的法律法规建设最早可以追溯到20世纪70年代，中间借鉴国外环境保护经验及国际公约。目前我国绿色经济法律法规体系是以宪法为基础，以《中华人民共和国环境保护法》与相关能源法律为主体，配套各部委行政法规以及地方政府出台的相关制度构成的一个体系。

1973年8月国务院通过的《关于保护和改善环境的若干规定》是我国环保领域的第一个政策法规。此后1978年通过的《中华人民共和国宪法》第一次对环境保护作出规定，为今后的环保立法提供了宪法依据。此后我国先后颁布《中华人民共和国环境保护法》《中华人民共和国大气污染防治法》《中华人民共和国水污染防治法》《中华人民共和国环境噪声污染防治法》《中华人民共和国固体废物污染环境防治法》《中华人民共和国放射性污染防治法》《中华人民共和国海洋环境保护法》等专业性法规；而在资源保护方面，《中华人民共和国森林法》《中华人民共和国草原法》《中华人民共和国渔业法》《中华人民共和国土地管理法》《中华人民共和国水法》《中华人民共和国矿产资源保护法》等法律的出台，为资源保护、合理有序开采奠定法律基础。

此外，能源法律法规的建立与完善亦能保障我国绿色经济未来健康发展。自2007年国家相关部委及地方政府相继制定《可再生能源中长期发展规划》《太阳能光电建筑应用财政补助资金管理暂行办法》《海上风电开发建设管理暂行办法》等行政法规。为促进能源交易的高效开展，国家能源局在2017年2月表示同意开展可再生能源增量现货交易试点，配套的可再生能源现货交易规则已经下发征求意见。

改革开放至今，环境保护与能源法制建设取得长足进步，但当前的环境保护机制与能源机制体制中仍存在许多不适应社会经济发展的地方，与绿色发展理念的要求相比亦存在较大差距，相关法律法规亟须修订与完善。

三、绿色经济转型存在的问题

立足于宏观角度，中国经济发展已经呈现出新常态。当下的发展模式与过去不同，政府积极采取措施，推进落后产能的淘汰、产业结构调整及构建和发展生态环境友好型经济；同时，群众的环保意识不断强化，要求更安全的、低健康风险的发展形式。这些共同促进了中国的绿色经济转型，但是在这一转型过程中还存在部分问题。

（一）我国仍处于工业化后期和城镇化中期

我国当前的经济社会中，仍旧存在占比较大的粗放经济形式，没有彻底扭转传统的发展理念，当下的技术、资金和时间投入，尚未满足产业结构调整和技术升级的需求。

尽管对环境和资源的污染与消耗相当严重，传统产业如钢铁、化工、水泥、制造等在我国的经济体系中仍扮演重要角色，占比较大。2020 年我国已经实现了基本工业化，并继续朝完全工业化发展。传统行业不仅要发挥工业化和城镇化的基础作用，同时在未来的工业化进程中面临巨大的挑战，即社会发展的传统需求显著降低，相反，绿色化需求不断增加。因此，这些传统行业必须谨慎思考采取怎样的措施，进一步淘汰落后产能，促进技术创新，提升产品竞争力，实现传统行业的转型升级。由粗放式经济模式转型为绿色经济，依靠的是技术的升级，因此，要大力开展技术研发储备，着重为项目投入配套资金，为策略实施合理地制定时间表。以上都是绿色经济转型所面临的问题。

此外，我国的自然环境要素，如水、能源和矿产等，其价值一直被低估，而环境污染问题更是没有计入企业生产成本。绿色经济最为突出的优势就是它在整个生命周期内所需的资源和环境成本相对较低，然而，自然环境要素的成本被低估了，所以其所具备的节约资源和能源优势就难以凸显，难以获得理想的收益。并且，对自然环境要素成本的忽视，也导致传统行业未积极响应和贯彻绿色发展要求，在节能、减排、降耗、资源再利用等方面缺乏动力，缺乏转型升级的积极性。这进而导致了传统行业创新意识不足，在技术和产品的创新、开发方面，在节能、减排、降耗、资源再利用方面没有投入足够的资金，最终无法开发可再生资源和提升资源利用率。

（二）绿色经济营利模式和市场需开拓

推进绿色经济发展，需要开发和发展多种盈利模式，培育和扩大市场需求，政府需要明确财税扶持政策和优惠措施，绿色金融应尽可能地发挥自身作用，为绿色经济的发展提供支持。

绿色经济与传统的褐色经济的一个显著差异在于，初始阶段中绿色经济所需的资本投入较高，且市场化进程相对缓慢。部分公司刚刚开始发展绿色技术，尚未实现重大技术突破，因此其产品或技术缺乏充足的竞争优势。部分企业刚刚开始涉足绿色产品的营销工作，有效的营销渠道不足。还有部分行业具有较为浓厚的公益性质，例如公用事业类污染治理行业、公共交通等行业，很难单纯依靠自己的业务经营获得理想的利润，对政府财政扶持的依赖性较强。

部分绿色行业受到了传统垄断性行业和新兴产业技术等多种因素的影响，未能较快地培育和扩大国内市场，存在一定的产能过剩的情况。如光伏新能源产业，其多晶硅、硅片、电池片等生产环节带来了高消耗、高污染，并且此类环节的生产厂商基本位于国内，如果光伏产业继续以出口为主，虽然对我国经济有益，但也会导致国外能源转型加速、国内环境污染加剧。也就是说，绿色经济的上游和下游行业内尚未实现供需匹配，导致我国难以实现绿色经济和生态环境保护同步协调发展的目标。

目前国内绿色产业刚刚起步，没有足够多样的融资渠道，主要依赖商业银行和政府投资，但是政府的主要任务在于基础设施建设，此领域所需投资较大，往往难以兼顾其他领域的绿色经济产业，造成了部分绿色产业项目缺乏投资支持，进而难以发展。所以，我们需要研发绿色金融产品，并建立健全绿色金融市场，以满足各种类型的绿色产业的融资需求，从而为绿色经济的成熟发展提供有力支持。未来，绿色经济发展将对绿色金融市场提出更为具体、更广泛的服务需求。

（三）产业转移问题仍客观存在

经济发达地区在产业结构升级过程中，将传统产业转移到欠发达地区，这种情况阻碍了绿色经济的全面发展。我国经济发展存在明显的地区差异性和不均衡性，不同的地区经济发展的基础情况不同，发展诉求不同，部分地区经济较为发达，着力于淘汰落后产能和传统产业，部分地区经济较为落后，需要发展某一传统产业。整体上看，东部沿海地区的经济发展诉求主要为淘汰传统的两高一剩类产业，中西部欠发达地区的经济发展诉求为经济增长。所以，产业转移问题仍旧客观存在，导致绿色经济发展存在区际失衡现象，难以全面发展。在地区经济发展不均衡的背景下，让全国各地区都发展绿色经济，是一个相当具有挑战性的任务。

（四）绿色消费模式不是主流消费模式

绿色消费是一种以保护环境和节约资源为主要特征的消费行为，体现在人们追求节俭和克制浪费、选择绿色环保产品和服务，以及在消费过程中尽量避免资源消耗或环境污染等行为当中。绿色消费模式的建立需要所有消费者的参与，发挥需求对供给的牵引作用，通过绿色消费促进和配合供给侧改革，推动绿色经济增长。换句话说，不管是政府采购，还是企业设备和原料选购，或是居民消费，都应该将对环境保护有益的、节能的、污染排放低的产品作为第一选择。在消费端反馈需要绿色产品的信号，促使生产者、供应商关注绿色经济、绿色生产，使绿色经济生产单位占领更大的市场、获得更大的利润，实现绿色消费与绿色生产的良性循环。实际上，国内当下已经推出了家电节能认证标志，国际上也有“碳标签”等标志，这些标志都明确向消费者传达了产品的生态环境属性，如节能和低碳。

但是，就宏观而言，我国经济发展水平有待提升。尽管群众对环境的关注度在日益提升，环保意识日益强化，但国内的消费者群体仍未形成良好的绿色消费意识，消费者普遍更关心价格，并将此作为选择消费品的首要标准，而非产品的绿色属性。由于技术创新和低污染等因素的影响，与传统产品相比，绿色产品的价格一般更高。并且，消费者很少关注传统产品的负外部性。另外，绿色产品市场的规范程度不高，同时消费市场也不够完备。因此，我国的绿色消费仍处于起步阶段，其发展受到了严重的限制。

随着大众对环境污染问题了解得越发深入，对环境保护越发重视，以及环保宣传工作的进一步展开，消费者必然会逐渐形成绿色消费观念和行为模式。虽然转变过程会比较长，但结果是必然的。

四、绿色经济发展展望

我国现阶段仍面临着较为严重的资源能源浪费、生态破坏和环境污染问题，而粗放的经济发展模式同时又导致多数行业的产能过剩、竞争激烈、利润微薄，此种低质量类型的经济发展将不可持续。发展绿色经济是我国深化改革、推进生态文明建设的必然选择。除了传统经济的产业结构调整和技术升级，可以在以下几个方面重点关注绿色经济的未来发展。

（一）走新型和绿色城镇化之路

新型城镇化的发展，通过引导实施绿色基础设施、绿色建筑、绿色交通等，完善传统产业淘汰／升级机制，促进产业结构调整，实现传统经济形式转型升级，进而带动包括各类型绿色实体经济的全面发展。

我国仍处于城市化进程中，主要的基础设施建设建筑和公用事业仍有很大规模的需求。在新型城镇化建设中，从蓝图开始，即在建设之初就将绿色化发展纳入总体设计，配合城市布局和不同功能区的总体规划，建设具有重大节能效益和生态环保功能的基础设施，诸如地下综合管廊、海绵城市、交通路网等，并采用包括绿色建筑在内的绿色设计方案和绿色施工措施。这些举措可将新型城镇化真正变为发展绿色经济的物质基础。

在新型城镇经济或产业规划中，制定科学合理的标准体系，为新兴绿色产业发展创造市场空间。在城镇规划建设决策中，应严格管控企业承接事项，避免污染产业和低端产业转移至本地；根据主体功能区战略，规划城镇布局，安排产业布局，同时加快全生态补偿制度的建设步伐，促进区域绿色经济发展协调、均衡。

（二）建立绿色核算和自然要素产权制度

国家及地方政府层面的绿色 GDP 核算与企业层面环境成本核算，建立健全自然资源资产产权和使用制度，应当成为发展绿色经济的重要基础性工作。

在地方发展评价中试行绿色国民经济的核算制度，建立以全要素生产率为主的经济发展考核体系，从根本上转变 GDP 至上的政绩观。此外，需要建立资源性产品的价格市场形成机制，将环境损害（效益）定价并纳入企业生产成本，将绿色生产水平先进与否作为传统产业准入门槛。通过这些举措，各级政府能明确了解地区经济增长的质量和经济的绿色程度，而工业企业也能明确生产的负外部性的大小；以此建立起绿色核算体系，促进国民经济的绿色转型。同时，对于公共自然资源定价过低的问题，需要健全自然资源资产产权与用途管制制度，促进全民保护和珍视自然资源，实现社会与经济的可持续发展。

（三）抓住新兴技术发展契机推动升级

抓住新兴产业技术发展的机遇，促进传统产业的技术升级和产业结构优化。

结合产业发展状况，不断调整政策和财政规划，加强扶持，推动新兴产业技术创新，特别是绿色产业核心技术、绿色技术的创新，如环境治理技术、新能源技术、节能环保材料等；最大限度地利用“互联网 +”、物联网、智能电网和人工智能等先进科技，有效提升全社会的经济运作效率，减少能源及资源损耗问题，同时推进关联行业的技术创新、升级。另外，对环境友好型产品进行研发、营销等，加强补贴和税务优惠，形成政策导向，引导社会资本投入新型绿色产业。

（四）积极推动全社会的绿色消费

从传统文化中汲取力量，宣传勤俭节约的传统美德，积极宣扬环保消费、绿色生活等理念，深化大众对环保消费的认知，鼓励大众积极参与绿色消费。此外，着力发展电子商务和现代物流，相比传统的消费和购物方式，这有助于减少消费过程中所耗费的资源；采取政府采购和绿色消费补贴等手段，促进各类型消费者群体采购绿色产品，在全社会构建绿色消费模式，进而推动绿色经济的全面转型发展。

第三节　绿色生产

一、绿色生产的现实必要性

绿色生产是对传统生产方式的根本变革，是企业清洁生产的外延与拓展，是大力发展循环经济的重要手段，是从源头降低污染物排放量、提升资源和能源的利用效率、降低能源能耗的关键手段，对于应对贸易壁垒非常关键，有利于社会经济又好又快发展。绿色生产是实现绿色发展、可持续发展的必由之路。绿色发展是一种全新的具体的可持续发展方式，遵循着科学发展观的准则。它重点关注经济和社会的协调发展，这意味着，除了重视经济增长指标，我们还要兼顾社会、文化、资源和环境方面的指标，构建合理的指标体系。绿色生产针对的不仅仅是生产环节，还包括之后的产品使用和服务环节，追求全过程绿色化，追求的是产品由生产到完全废弃的整个周期中，对环境和人体健康的危害降到最低，同时追求资源和能源利用效率的最大化，强调的是整体利益，也就是生产者利益、消费者利益和生态环境利益的最佳协调，是一种以人为本的、先进的、清洁的生产方式。推动绿色生产是实现绿色发展的必然要求。

绿色生产是经济增长方式转变的必然选择，我国目前处于经济增长方式由粗放型转变为集约型的时期。这意味着我们需要不断优化产业结构、合理调整产业布局，协调经济增长的速度和效益，统一经济增长的数量和质量，将以高投入、高消耗、低效益为主要特征的传统增长模式转变为低投入、低消耗、高效益的增长模式。为实现这一目标，我们应当加快生产方式转变，发展绿色生产方式。

绿色生产是绿色消费反作用的必然结果。自 2001 年起，我国开始推广绿色消费方式，鼓励人们在购物时选择那些没有受到污染或对公共健康有益的绿色产品；倡导在消费过程中做好垃圾分类与垃圾处理，避免垃圾对环境的负面影响；引导人们转变消费理念，除了关注生活水平之外，也关注环保节能，坚持可持续消费理念和行为。近年来，消费者越来越倾向于购买绿色产品，如有机食品、绿色服装及节能环保型产品，扩大了绿色消费市场的规模。这激励着生产商加大对绿色产品的研发投入，采取绿色管理方式，提供更多更健康、更安全的绿色产品。

绿色贸易壁垒促进了绿色生产的发展。绿色贸易壁垒是指某国家或地区将保护环境、资源、人类健康等作为借口，用严格的环保法规、标准和限制措施等手段，设置歧视性的贸易障碍，阻碍来自其他国家的产品进入本国市场。在面对贸易壁垒问题时，我们应该认识到它既给我们带来了负面影响，同时也有着积极的作用。绿色贸易壁垒，不是一种单纯恶性的本国贸易保护性政策，其反映了发展中国家在经济上落后于发达国家，两者之间存在利益冲突，立足于社会性动因，具有其积极性。在环境污染、生态破坏成为世界性难题的今天，人类必须反思，我们的工业文明以前所未有的速度创造了巨大的物质财富，却也造成了人与自然之间关系的不协调、不均衡，很多产品在生产和使用的过程中，间接或直接地导致了污染物的产生、排放，危害了我们赖以生存的家园。现在绿色潮流已经席卷了全世界，绿色发展已经成为全球各国家和地区人民的共识。国际社会越发清楚而深刻地认知和改善经济发展与环境保护之间的关系，面对一系列不断恶化的生态环境问题，国际社会积极采取行动，从经济、科技、政治、法律等不同层面出发，寻找、尝试和实施多种解决办法，如 1992 年联合国环境与发展会议中，制定了《21 世纪议程》，这是有史以来第一份全球可持续发展的纲领性文件，并且会议上签署了多个多边环境协议，有力地突出了贸易体系中环境保护的地位。我国也应当积极承担国际责任，投身于绿色潮流，不断推进绿色产品研发、绿色包装设计，构建绿色认证和标志体系，不断发展绿色生产技术，追求绿色环境标准，生产环境友好型绿色产品，从而促进绿色生产的发展。

二、绿色生产的思路与措施

绿色生产是顺应时代发展的结果，是社会发展的必然要求，也是走绿色发展道路的必由之路。绿色生产呼唤着新的清洁环保的生产方式，我们应当不断调整法律、教育体系，不断制定激励政策，推动经济社会的生产与发展兼顾环境保护要求，使之走上实现人与自然和谐相处的道路。因而，可采取如下思路和措施。

构建并不断完善相关法律体系，为绿色生产提供有力的法律保障。资源与环境问题有着很强的外部性，此类问题的解决需要多方利益主体在大范围内积极响应，因而，必须以健全的法律体系来对相关经济主体的生产、经营行为作出严格的规范和制约。我国先后制定了一系列的环境保护和生产法规，如 1984 年颁布了《中华人民共和国森林法》；1986 年颁布了《中华人民共和国土地管理法》《中华人民共和国矿产资源法》；1988 年颁布了《中华人民共和国水法》《中华人民共和国野生动物保护法》；1993 年颁布了《中华人民共和国产品质量法》《中华人民共和国消费者权益保护法》；自 1995 年以来全国人大制定和修订的环境保护法律，包括《中华人民共和国大气污染防治法》《中华人民共和国水污染防治法》《中华人民共和国固体废物污染防治法》；1989 年 12 月 26 日，第七届全国人民代表大会常务委员会正式通过了《中华人民共和国环境保护法》；2003 年实施了《中华人民共和国清洁生产促进法》等。也出台了一系列的环境保护和生产的具体政策文件，如国家环境保护局下发了《关于推行清洁生产的若干意见》，将推行清洁生产作为一项重要工作纳入环境保护行政部门的环境管理工作中，有利于从单纯末端污染治理向污染预防调整、转变。江苏省制定并执行了《关于加快清洁生产步伐的若干意见》，要求大力倡导和支持清洁生产项目的立项和审批，加大财政投入，强化资金扶持，充分发挥省级污染防治基金和技改资金的作用，推出和实施贴息、补助、税收优惠政策，以支持清洁生产项目，如减免其固定资产投资方向调节税等，发挥政府在经济宏观调控的作用，为清洁生产、绿色生产提供强有力的支持和推动力，对市场经济条件下清洁生产行为起到了较强的刺激作用。太原市政府制定了《太原市清洁生产条例》，对立法的目的、清洁生产的定义、适用范围、执法主体等内容做出了明确解释；本市各级政府中涉及清洁生产的行政部门、行业管理机构积极响应和执行本条例，在规划、资金、技术、教育等方面，采取切实措施，对推动和执行清洁生产工作的职责和作用做出了明确阐述；对企业的清洁生产实施主体的身份和对应的义务做出了明确阐述；对违反本条例的行为的处罚和附带问题做出了明确阐述；构建了一个建立在多种方法和措施促进清洁生产基础之上的立法框架，并将其作为法律依据，促进清洁生产的落地实施。绿色生产是在清洁生产方法的基础上拓展出的一种新型清洁生产方式，在我国处于发展阶段，因此，应尽快纳入立法、政策体系，采取强制性措施加以推广。

现阶段，我国已经基本建立了一个相对健全的环境资源保护法律体系，即将《中华人民共和国环境保护法》作为基本法，包含多种环境和资源保护管理单项法律。但是这未能彻底扭转我国的环境问题。有学者指出，这一环境资源保护法律体系仍存在一些问题。

①政府在环境和资源管理方面的权力分配及传统的观念和思维方式，导致在法律、政策的制定和实施中出现了环境和资源人为分离的情况。我国的立法权对于行政权存在不合理的依赖性，并且对现存行政权力的现状的妥协性较大。在实际的政策和法规的制定和实施中，产业政策、经济政策、工业政策、能源（类型

与价格）政策、交通政策、技术政策、进出口贸易等，这些和环境和资源保护上游、源头有关的政策的制定和执行者是其他经济部门，而非环境管理部门。其实际上的职责在于下游和末端有关政策的制定与实施，这就导致现行的环境资源保护法律体系更加关注对生产过程后期排污行为的控制，整治企业的违规排污，未能对生产过程中的污染物形成有效的控制。环境影响评价同样将重点放在了对工艺技术使用后排放的污染物是否达标上，难以直接审核污染物产生的源头，也就是设计、原材料、工艺、设备对环境的影响。“三同时”（同时设计、同时施工、同时使用）管理制度本身要求末端治理措施要与主体工程同时设计、施工、投产使用。传统环境管理制度并不集中关注生产过程中污染物产生源头和过程的控制。

②环境立法的目的更多考虑的是政府管理的需求，是对政府主管部门权力的认定和明确，没能充分考虑公民和企业在经济、环境利益上的权利。

③现行的“谁污染，谁治理”政策与排污收费等制度存在缺陷。

④未能清晰、明确地界定和区分政策、法律、行政规章、管理制度。一般来说，法律基本条款相当于政策原则，但是部分行政规章和管理制度往往为“文件”形式，这些与环境资源保护的文件包括有关的“条例”“规定”“意见”等形式，尚未成为法治化的一部分，所以不具备足够的权威性，影响了功用的发挥。部分环境资源保护法律相对滞后，甚至不符合实际情况，同时部分法规、制度操作性不足，导致了环境资源保护法律体系仍存在部分空白，进而导致对应的污染问题没有可以参照、遵循的法律、法规。

所以，在制定和完善绿色生产法律法规时，必须兼顾经济和环境因素，将两者有机结合，全面规划环境与资源、上游与下游的环境因素。展开而言，首先，应当将环境立法的两个关注点放在污染预防和绿色生产上，将其与环境法律体系和产业法律体系有机融合。站在法律高度上对污染预防和绿色生产做出强制要求。其次，发展规划、环境政策和产业政策的制定都要将污染预防和绿色生产放在首要位置。尽管环境保护开展至今，已经逐渐在技改和工业政策中越发受到重视，但是绿色生产相关的综合性配套政策还存在很多不足，需要持续强化研究。例如，完善产业政策，对于“两高一剩”的传统行业做出限制，着重发展绿色产业；推动老旧工艺淘汰、技术创新和研发；基于地区的资源与环境实际情况，利用比较优势，提升区域环境质量；针对环保技术和设备的进口进一步降低关税，吸引环保、节能领域的投资。调整经济政策，优化资源价格政策，对生产性消费、生活性消费作出合理引导；推进税费改革，完善排污相关生产、经营行为的税种、征税标准等，加设资源消费税等；以信贷、贴息政策、财政补贴、奖励政策为绿色企业提供支持和引导；政府采购优先选择绿色产品。国家从政策层面鼓励、引导生产者实行绿色生产，消费者实行绿色消费。再次，建立和健全绿色生产管理制度，包括绿色生产审核制度；企业绿色生产目标责任制，农户绿色生产规范；环境影响评价和“三同时”管理制度补充规定，增加规划环评等内容，从环境承载能力、城市发展定位、总体空间布局、生态功能分区等方面开展综合性环评；排污许可制度；环境标志制度；绿色卫生检疫制度；排污付费制度；绿色生产自愿申报制度等。通过制度对绿色生产作出规范，优化与强化相关检查与监督。最后，研究制定绿色生产和产品的标准。例如，对相关政策、标准中的有关污染预防的内容进行充实、完善。综合利用强制性政策、支持性政策、经济性鼓励政策、压力性政策，推进绿色生产又好又快发展。

以不同的方式推行绿色生产。绿色生产的核心特点在于，在产品的整个生命周期内，在实现其使用价值的同时，对人体健康和环境不会产生负面影响或仅造成较小的危害。绿色生产本质上是一项系统性的工程，其范围涵盖了所有行业领域，并且需要根据具体的产业采用相应的方式来加强绿色生产的推广和实践。

第四节　绿色生活

一、绿色生活方式的内涵

面对日趋严重的环境问题，人类已从 20 世纪 60 年代开始觉醒，利用末端治理技术进行环境治理，采取各种措施限制废物、污染物的排放，治理的重点集中在生产环节，通过改进生产方法，提高资源的利用率和实现废弃物的减量化，这些措施对环境保护起到了积极的作用。人类的基本活动，除了生产还有生活，人类的生活方式对生态环境也有巨大的影响，构建绿色生活方式，不仅有利于人们生活水平和生活质量的提高，更有利于人们赖以生存的环境得到保护和改善。

方世南认为，绿色生活是人与自然合理的物质交换，是按照先哲马克思的设想，在最无愧于自然和最符合人类本性的前提条件下，尽可能减少消耗劳动量，达到人与自然和谐相处情境下的物质交换。绿色生活方式，简单来说，就是人们秉持爱护生态环境、重视生态环境的理念，按照社会生活生态化的要求，培育支持生态系统的生产能力和生活能力，人与自然二者兼顾的可持续发展的生活方式。绿色生活方式要求人们深入践行“绿水青山就是金山银山”的理念，发展低碳循环经济，统筹推进山水林田湖草系统治理，实现能源的可持续利用、人类的可持续发展。①

黄平认为，绿色生活方式不仅是指购买绿色产品和享受绿色服务的行为，更是在于是否能内化成一种日常生活的观念，并以此为指导，落实在生活行动中，让人们在充分享受绿色发展所带来的便利和舒适的同时，履行好应尽的可持续发展责任，使人民群众可以同自然和谐相处，以一个环保、健康的方式生活。绿色生活方式是伴随社会经济的发展、生活观念的转变及重视生态环境的理念而产生的。绿色生活方式的践行，具体体现在人们不破坏生态环境；保护生态环境；不消费或少消费大量耗费资源的商品；乐于为绿色产品和服务买单；节约资源等。②

上述定义侧重于社会生活生态化，侧重于改变消费生活方式，但在关注劳动生活方式和精神生活方式等方面还略显不够。

换言之，绿色生活方式，指在物质上鼓励民众使用绿色产品、参与绿色志愿服务，在精神上引导民众树立绿色增长、共建共享的理念，将绿色消费、绿色出行、绿色居住落实在行动中，实现生活方式变革和经济社会发展的良性互动。绿色生活方式是在提高人们生活质量的同时，也改善环境质量的一种科学的生活方式。

（一）绿色生活方式是科学发展观的必然要求

科学发展观，以发展为要务，以人为本，实现全面协调可持续发展。改革开放以来，我国的社会生活方式已经由依附性生活方式转变为自主性生活方式，由特殊背景下故步自封的生活方式转变为开放包容的生活方式，由单一生活方式转变为多姿多彩的生活方式，从贫穷积弱的生活方式向民殷国富的生活方式转型，从愚昧迷信的生活方式向科技发展应用的生活方式转型，等等。③ 但是，仍然存在很多不良的生活方式或生活习惯，如封建宗法迷信重新抬头，公民的环境保护意识和公共卫生意识淡薄等。建设资源节约型、环境友好型社会，要坚持走生产发展、生活富裕、生态良好的文明发展道路，速度和结构质量效益二者兼顾并重，人口资源和经济发展二者协调统一，使人们的生产生活在良好的生态环境下进行，

① 方世南．生态文明与现代生活方式的科学建构 [J]. 学术研究，2003 (7)：50—55.

② 黄平．迈向和谐：当代中国人生活方式的反思与重构 [M]. 天津：天津科学技术出版社，2004.

③ 戴锐．生活方式现代化：当前中国社会生活方式建构的理念与过程 [J]. 社会科学辑刊，2002 (3)：39—45.

实现经济社会可持续发展。社会现状距离国家的建设目标仍有一段路要走，因此，民众要改正不合理的生活方式，不断调整和更新生活观念，积极主动地构建绿色生活方式。

（二）绿色生活方式是生态文明的呼唤

理念为行动指引方向。如何处理好生产、生活和生态三者之间的关系，是社会良好发展的关键问题，而绿色生活方式的理念核心就在于将三者的辩证关系协调统一。要想保证社会处于一个良好的运行状态，就要使社会的消费水平同生产的生活资料水平相适应，生产资料的生产和生活资料的生产要保持合理的比例。由于生产是支配社会经济的关键因素，它决定着消费结构和消费增长速度，而二者也同样制约、影响着生产的发展。无论是生产还是生活，都离不了生态环境。传统的生产方式和生活方式，一味索取自然资源，不注重生态环境的保护，将经济发展同生态环境分离，导致环境问题反过来影响到人类活动。例如，过度消耗自然资源和能源，过多排放污染物和废弃物等。人类要想过上更好的生活，就要主动顺应生态环境的要求，推行绿色生活方式，真正做到生产、生活、生态三者协调统一发展。

生活方式不是生活内容丰富与否、生活水平优劣的体现，它是一种主客体相结合并相互影响的概念，是如何看待生活、如何生活、如何支配时间、如何支配物质资料等问题的综合。

二、创建绿色家庭

家庭生活方式是社会生活方式的缩影，家庭是社会的基本单元，是社会的最小细胞。孟子曾经说过："天下之本在国，国之本在家。"[①] 家庭问题可小可大，不仅事关个人生活的幸福程度，也关系着国家社会的发展。绿色生活方式与创建绿色家庭息息相关。

（一）家庭的由来

家庭这个概念不是与生俱来的，它是随着历史发展产生的。关于家庭的定义与溯源，长久以来都没有确切的答案。直至 1861 年，瑞士法学家巴霍芬在《母权论》一书中提出，在人类发展的历史长河，家庭自母权社会起才开始出现，从

① 王瑞．孟子[M]．成都：四川人民出版社，2019.

而拉开了探讨家庭的产生及发展问题的序幕，更多学者开始研究这一问题。在家庭起源问题上，摩尔根是绕不过的人物，他深入钻研研究问题，提出许多观点。他认为家庭是一个动态的要素，随着社会从较低阶段向较高阶段的跨越发展，形式上也从低到高跨越发展。恩格斯基于摩尔根的观点，发表了自己的意见。他认为家庭形式的出现源于氏族这一概念的式微，而所谓氏族，它是一种以血缘为基础的人类社会的原始形式。因此，对偶制是群婚制向个体婚制的过渡阶段，正是这个阶段，家庭才可能出现。

（二）家庭的特征

从家庭的由来可以看出，家庭不是人们任意结成的群体。家庭是一种社会生活的组织形式，它以婚姻和血缘关系为基础。家庭的基本特征是家庭成员之间有婚姻关系存续、血缘关系联结。直白地说，婚姻关系，即于民政局登记的一夫一妻关系；血缘关系，主要指父母和子女之间的关系、兄弟和姐妹之间的关系。随着社会的发展，依照法律程序收养而组成的家庭越来越多。

（三）家庭生活活动的主要内容

一个家庭的生活活动不存在任何固定的形式，它变化万千，多种多样。家庭活动不仅包括赡养父母，照顾子女，也包括保障家庭成员生存的物质基础，组织家庭成员的生产与消费。在满足生存需要的基础上，还要参加社会交往，参加政治、经济、文化、教育等各种活动，以满足家庭成员在社会生活的正常生存和发展需要。这种规律化的家庭生活活动，在岁月的打磨下，形成了某种相对固定的形式，具备共通的特点，有一定的典型意义，这就是家庭生活方式。家庭生活方式所包含的内容主要有四个方面，包括家庭劳动方式、家庭教育方式、家庭消费方式、家庭闲暇方式。

（四）绿色家庭要求家庭劳动方式科学化

生活在农村的家庭，往往兼顾职业劳动与家务劳动，职业劳动要大力推行绿色生产方式，家务劳动要注重卫生习惯的修养；在城市，由于职业劳动社会化，部分家务劳动就难免落到孩子身上，使孩子产生劳动的需要和从事劳动的愿望。

（五）绿色家庭要求家庭教育方式民主化

家庭这个概念伴随时代更迭、社会发展，核心内容逐渐增多。家庭教育也走进了人们的生活。家庭教育受多种因素影响，且更多表现在对子女的教育上。除了有意识地直接教育外，教育也渗透在生活的方方面面，立足于生活细微之处的家庭教育更立体、多层次。因此，影响孩子深远的父母长辈，在生活中更要提高自己的文化素养、政治素养，传递积极向上的价值观，以身作则，言传身教。父母为子女营造一种和谐温馨的家庭氛围，不仅有利于家庭成员维系亲情，也有利于子女健康成长。同亲朋邻里和睦相处，也是家庭教育践行的表现之一。在家庭内部发生矛盾的时候，要积极协调，不可独断专行，伤害家庭成员的感情。民主协商也要体现在家庭教育中。

三、创建绿色社区

社区除了是一个居住的体系外，还承担着其他许多重要的社会功能，如居民民主自治、社区管理有序、公共服务完善、社区文化繁荣、社会保障充分、生活环境舒适、社会秩序安宁、各种社会群体和谐相处等。社区是社会有机体最基本的内容，是宏观社会的缩影。人类在一定的自然环境内进行各种生产活动和社会活动，产生了一定的人与自然环境、人与社会环境、自然环境与社会环境的关系。正是通过促进社区自身的积极变革，使其转变成既对自身有利，也对社会和环境有利，从而使社会的发展与社区的进步相协调。

（一）社区的概述

在经历工业革命后，为了对当时的福利制度和救济制度等一系列社会问题做出调整，欧洲的一些国家做出了社会改革。鼓励社区居民主动参与进社会工作中来，调动居民参与社会工作的积极性。例如，英国成立慈善组织协会，德国实行汉堡福利制度等。社区的雏形开始出现。最早将社区作为一个专有名词的人是德国社会学家斐迪南·滕尼斯，他在19世纪80年代出版的名著《社区与社会》中提出了这个专有名词。在“一战”期间，美国政府组织群众，开展战时服务，为战争做后勤准备，社会工作迅速发展，引起社会学家的研究和关注。社区的概念是20世纪30年代从欧美引入中国的。社区指人们在血缘关系基础上，结成的互助合作的共同体，

据有关专家统计，至今，社会学家和人文地理学家给社区的定义有140多种。无论从地域性或地理性概念的角度理解，从社会群体互动与心理的角度理解，还是从社区的目的性的角度及社区是地域、社区互动和社会关系的综合体的角度理解，构成社区的基本要素趋同，包括有一定的地域范围；有一定数量的人群；生活设施相对完善；有一定的组织机构和管理制度；有一定的行为规范和生活方

式；社区成员之间有对社区这一概念的心理认同和归属感。我国的很多社会学家对社区进行了深入细致的研究，对社区的理解和认识都不相同。有学者认为，社区是生活在一定地域内的个人或家庭，出于对政治、社会、文化、教育等目的而形成的特定范围，不同社区间的文化、生活方式也因此区别开来。我国的乡村社区，人们从事的经济活动主要是农业活动。但随着社会发展，许多乡村社区也开展工业生产和商业活动，成为新型的“城市化”乡村社区。和乡村社区相比，城市社区经济、政治活动集中，以工业、商业、服务业为主。在城市社区中，人们的居住和工作场所非常集中，人口密度大于乡村社区。

第二次世界大战后，在联合国的大力倡导下，社区发展得到了世界各国的普遍重视，无论是乡村社区的建设还是城市社区的建设，都出现了各具特色的建设模式。社区发展是在发展中国家的乡村实施的，是作为一种发展实践的方法来运用的。联合国于20世纪60年代开始提出议题，讨论在城市地区推行社区发展的可行性。1962年，在联合国举办的“亚洲都市地区社区发展研讨会”上，提出印度新德里市的实验报告。在此之后，许多国家和地区开始发展城市社区。1987年，民政部在武汉市召开部分城市社区服务座谈会。此后，社区服务在我国城市广泛兴起。30多年来，社区服务对家庭功能起到了拾遗补阙的作用；对社会保障起到了补充作用；承担了政府应该承担的部分职能，为社会稳定做出了很大的贡献。与此同时，社区研究取得了丰硕成果。早在20世纪三四十年代社区研究在我国就开始起步，吴文藻、费孝通、张之毅等一批社会学前辈为了使社会学理论与方法同中国实践相结合，大力倡导社区研究，推动了社区研究的发展，一批学术造诣较高的成果，如《江村经济》《禄村农田》等相继问世。20世纪80年代以来，我国在小城镇研究、城市化研究、城市社区研究、城乡关系研究等方面都取得了突破性进展。

（二）绿色社区的内涵

尽管我国社区的发展取得了一定的成绩，但是也还存在一些问题，如社区居民参与社区活动的意愿不强、社区建设方面不够高瞻远瞩、社区环境管理水平有待提高等。因此，绿色社区是社区发展的新方向，也是满足居民过上美好生活愿望的必然选择。

根据国家环境保护总局宣教中心的定义，绿色社区是指具备一定的保护环境功能的设施，构建并保持社区环境管理体系和公众参与环境保护机制的社区。绿色社区也有在硬件建设、软件建设、持续改进上的硬性要求。例如，硬件建设方面，包括节水、节电、垃圾分类、污水处理、社区绿化等设施；软件建设方面，主要是指建立社会层面的公共参与环保的机制、构建环境管理体系等；持续改进方面，即做好长期的环境管理工作，并持续改善居民生活的社区环境，使其始终向好发展，实现绿色社区的创建目标。

（三）创建绿色社区的主要方法与措施

一是做好宣传教育的工作。要想做好绿色社区的创建工作，就要动员社区居民参与进来，使其知其然，知其所以然。绿色社区创建过程中持续的环保宣传教育和活动，使居民了解绿色社区建设是为了提高广大居民生活环境质量，是服务于广大人民群众的。其能够增强社区居民的环境意识，培养社区居民的社会责任感。营造重视环境保护、参与环境保护的良好社区氛围，真正践行人与自然和谐相处的发展目标。在现实层面上，这也为居民创造自然和谐的生活环境的行动提供了支持。作为生活在同一区域的集体，保护社区的生态环境，也是在维护自己的权益。环境管理是社区管理体系的一部分，因此对于绿色社区工作来说也是其工作内容之一，也有利于提高社区居民的环境素养。绿色社区的硬件建设、软件建设，不仅为居民创造良好的外部生活环境，也让人们可以选择更利于人与环境和谐相处的生活方式。其实质就是关爱地球、关爱生命、保护自然、平衡社会发展同自然发展之间的矛盾。绿色社区构建，实际上探索了绿色经济的可行性，通过节能、节水、垃圾回收等获得经济效益、社会效益、生态效益，为可持续发展提供又一实践佐证。通过建立绿色社区的自我教育、自我管理机制，唤醒了居民的环境意识，提高了居民的文明素养。在绿色社区的构建过程中，居民的广泛参与增进了邻里感情，也增强了社区凝聚力。通过建立绿色社区的环境管理体系和公众参与机制，增强了居民维护自身环境权益的意识、推动了环境政策的民主化和科学化发展，无疑会对我国物质文明、精神文明、政治文明、生态文明建设产生深刻的影响。

二是加大绿色社区建设力度。在硬件建设方面，做好节能、节水、节电、使用可再生能源、垃圾分类、污水处理等设施的建设工作；在软件建设方面，提倡人们在不降低现有生活水平的前提下，按科技部发布的《全民节能减排手册》的要求，选择科学合理、节约能源的绿色生活方式。同时，处理好社区建设八大关系[①]：社区概念的对象化和社区建设的关系；城市建设和社区建设的关系；水平化取向和垂直化取向的关系；经济全球化和地方化的关系；自然变迁和计划变迁的

① 夏学銮．论社区建设十大关系[J]. 中国民政，1999（6）：8–9.

关系；技术统治规划和人性化规划的关系；社区服务、社区建设和社区发展的关系；社会学、社会工作和社区建设的关系。

三是努力提高社区管理水平。随着社会发展水平的不断提高，目前，社区管理的内容主要包括社区人口的管理、社区环境的管理、社区治安的管理、社区服务的管理、社区文化的管理和社区保障的管理等，任务十分繁重，用居委会主任的话来说就是：居委会的工作如同一个针眼，随时要接受四面八方来的“线”。由此推论，居委会工作所涉及的方面较多。因此，政府、居民、社区管理者及民间组织要充分履行应尽的责任和义务，各方同心协力，才能健全管理组织、明确管理目标、完善管理制度，形成管理合力。

四是要提供优质的社区服务。由于社区服务对象的多层次，针对孤老、残疾人、困难户等民政对象，要给予更多的物质关怀和精神慰藉，对下岗再就业人员提供更多的帮助，弘扬互帮互助的精神，使全体社区居民共同参与、分享社会成果。

五是开展绿色社区指标考核体系研究。要依照科学性、适应性、系统性、可行性、可比性和计量化原则，指导、监督、评估创建绿色社区的工作。建立符合绿色社区指标的考核体系，以满足居民的物质和精神需要，全面利用社区资源，调动社区居民参与建立绿色社区的积极性，以人的全面发展为理念核心，建立绿色社区长效机制。

四、创建绿色城市

联合国前秘书长科菲·安南曾说过，城市人口的增长势必带来清洁水供应、垃圾处理等一系列的问题，人口增长为生态环境带来了新的挑战。世界上约有50% 的人口居住在城市，这一数据到 2030 年，将超过 60%，而在 1950 年，城市人口居住数量占总人口数量的 30% 左右。为了人类能生活在健康、绿色、干净的环境中，各国也做出相应的努力。来自雅加达、伦敦、西雅图、洛桑、里约热内卢等世界各国的大城市的市长们于 2005 年在美国旧金山签署了一系列改善城市居住条件和发展绿色城市的协定。为签署协定的城市设立了目标：确保到 2015 年每个城市居户在居住地周围有一个公园且完全实现安全饮水；到 2030 年减少 25% 的温室气体排放；到 2040 年为垃圾填埋法和焚化炉建立零废物政策等。

人们已经认识到绿色生活方式的重要性，也越来越向往生活在绿色城市。人们的绿色意识在不断增强，越来越倾向绿色消费，对绿色产品的需求量越来越大，为健康的生活方式买单，同时也意识到人离不了自然生态环境，只有保护环境，才能实现经济高速发展；保护环境，就是保护人类赖以生存的家园；保护环境，就是保护人类自己。

（一）绿色城市的由来

查阅文献，关于绿色城市这一概念的由来，始于20世纪20年代的莫斯科，这是苏联建国之初重要的经济变革时期。1921年春，列宁提出新经济政策，到1923年时，新经济政策的实施取得了显著的成效。经过长时间的积累，1927年苏联的经济开始复苏。在看到西方资本主义工业化的发展严重危害生态环境后，苏联的领导者也担心因经济发展而不注重生态环境带来的如空气污染、环境恶化、大城市病等环境问题。唯恐走西方资本主义工业化扩张的老路，苏联提出了“绿色城市”的概念，并开展基于此的前瞻性的研究，提出在计划经济体制下需要满足人类更高层次的精神需求，即人与自然的相互关系、自然对人的熏陶、人的情感的自然回归和释放。1929年，莫斯科举办了绿色城市综合规划竞赛，委托了当时学术界的四位代表拉铎夫斯基、金兹堡、美尔尼科夫、费里德曼分别制订方案，从不同方面对绿色城市可行性进行探讨、解释和表述。虽然绿色城市始终未能建成，但是这四个方案对绿色城市理论的探索，却初步形成现代城市生态建设原则，为日后苏联工业城市的发展奠定了重要的理论基础。①

关于现代生态城市的构想，要溯源至霍华德提出的田园城市。他认为田园城市是为安排健康的生活和工业生产而设计的城市，田园城市要具备完善的公共设施和基础设施，其规模要满足合理的范围内的各种社会生活需求，以提高人们的生活质量。四周要有永久性农业的围绕，城市的土地归公众所有，由委员会受托管理。环境质量好，人工环境与自然环境融合发展。1971年联合国教科文组织开展了一次国际性研究计划——“人和生物圈计划”，此项计划提出从生态学角度来研究城市。1984年又提出了“生态保护策略、生态基础设施、居民的生活标准、文化历史保护、将自然融入城市”的生态城市规划的5项原则，为城市的发展指明方向。20世纪90年代以后，国内也进行了大量的生态城市理论研究。著名科学家钱学森提出了“山水城市”的概念。“山水城市”也是一种追求自然生态与人类文明的协调统一的城市发展模式。钱老曾经说过，生态城市是山水城市的基

① 韩林飞，Merriggi M，陈蓁．宜居城市与和谐、可持续发展：20世纪20年代莫斯科绿色城市综合规划的启示[J]. 规划师，2007（3）：15–18.

础—物质基础。[1]1992年建设部开展园林城市全国创建活动（有的称花园城市）。北京市总体规划（2004—2020年）中明确提出“宜居城市”这一概念。尽管名称不同，但目标一致，都是力图实现人与自然和谐统一，人工环境与自然环境融合发展。

我们认为，田园城市、山水城市、生态城市、园林城市（花园城市）、宜居城市等的建设就地域而言，仅限于“城市”，而没有考虑“乡村”，具有明显的缺陷。上述城市的建设考虑了生态基础设施的建设，有利于人与自然的和谐，但在社会设施建设方面略显不足。因此绿色城市的提出是历史发展的必然结果。

即便到现在，绿色城市的内涵仍没有一个普遍的、清晰的界定。

张金霞认为，绿色城市是社会和谐、经济高效、生态良性循环的人类生活形式，是秉持城市绿色化、生态化发展理念的结果。它是社会、经济、环境的统一体，其内涵随着社会和科技的发展而不断充实和完善。[2]

李瑞等认为，绿色城市是一种新型社会关系，是有效利用环境资源实现可持续发展，按照生态原则建立起来的社会、经济、自然协调的新的生产和生活方式，是一种建立在人类对自然关系更深刻认知基础上的新的文化观。上述是从广义上来讲的概念。从狭义上讲，绿色城市是按照生态学原理进行城市设计，以达到建立和谐、健康、可持续发展的人类聚居环境的目标。[3]

毕光庆认为，绿色城市是环境、经济和社会三者关系协调统一的动态城市，是以人为本、重视环境、宜居的家园城市，是充满绿色空间、生机勃勃、适合创业的开放城市，是高效率运转兼具人文关怀的健康城市，是海纳百川、高掌远跖的文化城市。[4]

绿色城市的概念不能狭义地理解为单纯的绿色和美化，也并不等同于生态城市等理想城市的概念。绿色城市的规划与建设不仅强调生态平衡和保护自然，还注重经济、文化、人类健康和整个社会的可持续发展。绿色城市建设的主要目标可概括为经济发展、环境保护、社会进步三个方面。其中包括人与自然和谐共处，生态文化有长足发展，人们生活的城市、乡村环境整洁优美；自然资源得到有效保护和合理利用，生态环境良好；稳定可靠的生态安全保障体系基本形成，环境污染基本消除；以循环经济为特色的社会经济加速发展；社会运转高度和谐。

---

① 程伟．探寻城市发展的新模式：生态城市[J]. 林业调查规划，2005（1）：90—93.

② 张金霞．发展绿色武汉之探讨[J]. 商业研究，2004（24）：94—98.

③ 李瑞，李燕，李春明．浅谈如何建设绿色城市[J]. 中国轻工教育，2007（1）：15—16.

④ 毕光庆．新时期绿色城市的发展趋势研究[J]. 天津城市建设学院学报，2005（4）：231—234.

我们基本同意毕光庆的绿色城市定义，并在此基础上认为绿色城市具有更为丰富的内涵。

第一，绿色城市是一个大概念。绿色城市既包括“城市”，也包括乡村。目前我国的行政管理体制是市管县、区（州）管县，因此，绿色城市建设也就是绿色市建设、绿色区（州）建设。要把社会主义新农村建设纳入绿色城市建设范畴，统筹规划。

第二，绿色城市不仅注重人与自然、人与社会的协调发展，也注重人与人和人自身的协调发展。在生态城市的建设中，我们更关注人与自然的协调关系，人与社会的协调关系，在绿色城市的建设中要更多地关注人与人的协调关系，人自身的协调关系。

（二）创建绿色城市的思考与对策

一是牢固树立绿色城市观念。在世界城市发展史中，城市观念随着时代的发展在不断地发生变化：第二次工业革命以后，城市观念是一种以视觉艺术为基础的城市美学观念；20 世纪 30 年代，为适应现代城市快速发展的需要，建筑师们确定了“居民是城市的第一功能”的观念；20 世纪 60 年代以后，人们开始对“人类中心主义”等城市观念进行反思；20 世纪 80 年代以后逐渐形成了“生态主义”城市观念。绿色城市观是一种动态的城市发展观，既注重以人为本，又注重生态改善。它保留了以视觉艺术为基础的城市美学观念，力求人工环境与自然环境二者兼顾，城市发展和社会发展协调同步，传统文化与现代文化碰撞融合。

二是以城市整体协调发展的思路去规划绿色城市蓝图。绿色城市发展具有整体性、系统性、集合性、有序性、差异性等特征。城市不仅是由社会、经济、科技、文化、环境等构成的地域综合体，也是由家庭、单位、社区等多个子系统构成的“社会—经济—自然复合生态系统”有机整体。因此，要认真谋划城市发展规划，主动寻求城市发展规划环评，通过绿色城市的价值观念导向，有广泛公众参与的科学决策，高效、有序的管理体制和运行机制，发展绿色文化，推行绿色生产，实行绿色消费，建构绿色生活，实现城市“社会—经济—自然”又好又快地发展。

三是建设优良的绿色城市环境。李珂认为，目前城市建设中存在“八大怪象”，[①] 即大路朝天——城市里大路总是赤裸裸地暴露在光天化日下，平时暴晒，下雨积水，下雪结冰，有雾就看不清；路上加路——现有土地有限，于是高架路、

① 李珂．生态综合体划时代的绿色城市构想[J]．绿色中国，2005（1）：33-35.

立交桥、轻轨、地铁等上天入地，费尽心机；人车混道——人与车争道危险，过街天桥、过街地道、隔离栅栏仍然难以阻止走惯平道的“懒惰而散漫”的行人；管线深埋——市政设施和管线如同血脉般深入城市肌理，如蛛网般细密分布；一地一用——在寸土寸金的都市中，土地资源有限，人口却在不断增长，人们见缝插针，想最大限度地利用土地；平地起楼——立锥之地上，高楼大厦把千家万户摞在一起，以问天的姿态建造高山峡谷；对抗天气——冬天采暖，夏季空调，随着技术的进步，“人定胜天”似乎成为现实；丑陋到顶——如果从空中看，城市最大的面积是屋顶，而屋顶却总是被人忽视，成了城市中最丑的一面。不管李珂的观点是否正确，但是他为我们的城市建设提供了全新的思路。城市建设是一项复杂的系统工程，要因地制宜，实施生态城市基础设施建设战略，[①] 即维护和强化整体山水格局的连续性；保护和恢复湿地系统；维护和恢复河道、海岸的自然形态；保护和建立多样化的乡土生态系统；将城郊防护林体系与城市绿地系统相结合；建立社区无机动车绿色通道；开放专用绿地，完善城市绿地系统；溶解公园，使其成为城市的绿色基质；溶解城市，保护和利用高产农田，使其成为城市的有机组成部分；建立乡土植物苗圃。要大力发展绿色交通，目前，交通阻塞状况日趋严重；能源供给紧张，油料价格上涨；交通噪声、尾气排放污染严重。发展绿色交通就是要结合本地的发展特征，构建与自身城市条件相适应的绿色交通体系，树立有节制的交通出行观念，研发和使用绿色交通工具，如天然气汽车、电力汽车、太阳能汽车、氢燃料汽车等，从而降低交通事故的发生率，减小油耗，减低污染，实现交通的通达、有序。要建立、完善工作效率高的垃圾收集、转运、处理系统；通过教育的方式，转变居民处理垃圾的不好的习惯；通过高新技术的应用，改变垃圾处理模式；通过完善垃圾分类、收集、回收利用等相关法律、法规的方式，约束公民行为。当前，我国城市垃圾最终处理的主要方式是填埋，高温堆肥、焚烧等其他处理方法使用较少，其主要原因是尚未普及垃圾分类回收。要通过改革垃圾管理体制，借鉴新加坡城市垃圾管理经验，组建公营和私营两支队伍，提高工作效率；通过创新垃圾分类模式，提高垃圾分类回收利用率；最终实现垃圾资源化、减量化、无害化。

---

① 俞孔坚，李迪华，潮洛蒙．城市生态基础设施建设的十大景观战略[J]. 规划师，2001（6）：9–13.

第四章　可持续发展观下的生态文明与绿色发展

本章为可持续发展观下的生态文明与绿色发展，包括生态文明与可持续发展的辩证关系、绿色经济与可持续发展、绿色大学与可持续发展。

第一节　生态文明与可持续发展的辩证关系

如果文明的发展是基于对资源的掠夺和肆意的破坏，那么在此发展模式下，必然会导致生态危机的出现，进而影响文明的兴衰。为了实现生态文明下的长治久安，就必须实现资源的可持续利用。确保人与自然、人与人和谐共处，使经济发展在生态系统的良性循环规律下繁荣，是经济良性发展的前提条件。一方面，生态文明是可持续发展的本质内涵和基本保障；另一方面，可持续发展行动也推动和促进了生态文明建设。

一、生态文明是可持续发展的本质内涵

马克思说："自然界是人为了不致死亡而必须与之不断交往的、人的身体。"①自然界可以不依赖人类，但人类要依赖自然界生存。这种依赖不是一时的、局部的，而是永恒的、全面的。人与自然界是物质、信息交换的关系，这种物质、信息的交换是人类种群繁衍生息的基础，这种交换中断，势必会迎来人类种群的灭亡，因此，这种交换关系必须是持续的。可持续发展这一理念，经过多年的宣传和落实，逐渐被人们理解和接受，在实践过程中，成为全世界各行各业实现健康发展的指导思想，上升到前所未有的高度。可持续发展行动成为当代生态文明发展的有效途径。

① 中共中央马克思恩格斯列宁斯大林著作编译局．马克思恩格斯全集：第 42 卷[M]．北京：人民出版社，2017.

（一）可持续发展的理论基础

1. 可持续发展的生态学思想与方法

可持续发展的概念最早出自生态学领域。随着该学科的发展演变，它逐渐发展成具有生态哲学、生态科学和生态工程、自然生态和社会生态等不同层次、不同系统、不同领域的科学体系，突破了原来作为描述性的科学的局限，发展成为结构完整的、定量化的科学。可持续发展的重要理论基础大多出自生态学中的原理或原则。例如，生态平衡与生态极限原理、物质循环与能量流动原理、系统相关与相生相克原理、系统开发原理、复合生态系统原理、生态位原理和限制因子原理或原则等都是可持续发展的重要理论基础。现代生态学与可持续发展战略的发展演化存在着某种必然的联系。现代生态学以复合生态系统理论为基本特征，复合生态系统理论也是可持续发展的重要理论基础。

可持续发展追求以人为主体的生命与环境之间的协调发展，环境包含人的栖息劳作环境、生态环境、文化环境。其中，人的栖息劳作环境包括地理环境、生物环境、设施环境等；生态环境包括物质资源、最终产品、废弃物等；文化环境包括法制、机制、组织、文化、技术等。将人与环境之间的关系剖析来看，包括物质代谢关系，能量转换关系，信息反馈关系，以及结构、功能和过程的关系。人与环境构成“社会—经济—自然”复合生态系统，具备生产、生活、调节、控制、循环、流动、传递的功能。复合生态系统中的“生态”是高效和谐的各种关系和存在状态的简称，它既是一种竞争、共生、自生的生存发展状态和机制，又是一种整体、协调、循环、再生的能力，是走向可持续发展的本质所在。

生态整合是生态系统理论的核心，包括生态因子之间关系的整合；物质、能量和信息之间关系的整合；竞争、共生、自生和再生能力的整合；生产、消费与还原功能的整合；社会、经济与环境目标的整合；时、空、量、构与序的整合。可持续发展遵循资源及可利用的生态位的竞争或效率原则、共生和公平原则，通过循环再生与自组织行为，维持系统的自生、再生或生命力。竞争强调资源的合理利用；共生强调发展的整体性、平稳性与和谐性，注重协调局部和整体、眼前和长远、经济与环境之间的关系；自生是生态系统应付环境变化的一种自我调节能力，是生物生存的本能；再生强调个体和系统的恢复能力。

从实践上看，运用生态学思想、理论与方法，吸纳相关学科的先进技术，在生态规划、生态工程、生态建设、生态管理等生态实践方面可以收获许多成果，这为可持续发展提供了切实有效的措施。可持续发展就是要以生态经济学思想为指导，从理论和方法上给予支持，为建立可持续发展模式提供理论依据。

2. 可持续发展的系统观

如果一个系统发展的驱动力不是来自系统内部，而是完全依靠外部输入，则这种发展不可能持续；如果发展的结果是自然环境遭到破坏，则这种发展也不可能持续。人类生态系统能否做到可持续发展，取决于生产、生活和生态功能是否做到协调发展；取决于自然资源系统的自然调节能力和社会经济的自组织、自调节能力是否经得起考验；取决于社会力量是否参与其中，包括社会的宏观调控能力，民众的参与意识，部门间的协调行为。任何部分的缺失都会影响可持续发展进程。

可持续发展把人类赖以生存的地球及局部区域，看成是由自然、社会、经济、文化等多因素组成的复合生态系统，它们之间既相互联系，相互依赖，又相互制约。因此，可持续发展是环境效益、经济效益和社会效益的综合，把生态系统的整体效应放在首位，通过建立一个高效益的、自我调节能力强的、稳定的、物质循环和能量转化速率高的人工生态系统来实现经济快速发展、资源利用高效合理、生态环境逐渐改善、产品品质和服务优良、具有充分的发展“后劲”，进而实现整个人类生态系统可持续发展。

可持续发展把生态系统理论运用于社会发展之中，将社会、经济和生态环境等因素作为一个有机的整体来综合考虑，注重系统内在结构和内部关系的优化，追求系统内部经济、社会、文化、自然环境等各个要素在各个方面的协调发展和整体推进，将整体最优化看作发展的最高目标，关心人类社会系统整体的、长远的效益。任何“吃祖宗饭，断子孙路”的现象，都是与可持续发展观背道而驰的。

3. 可持续发展的生态经济学理论基础

生态经济学是一门从经济学角度来研究生态系统运动规律的学科，它研究自然生态系统和社会经济系统之间的相互作用和相互依赖关系；研究社会、经济和生态之间相互作用和相互依赖关系；从生态科学和经济科学的有机结合上，来探索生态经济有机统一发展的客观规律，寻找二者平衡发展、协调统一的途径。生态经济学认为，人类的一切经济活动都是在一定的生态经济系统中进行的，它是由生态系统和经济系统两个子系统有机结合形成的复杂系统。人的经济活动在经济系统和生态系统中运行，也受经济规律和生态规律的制约。换句话说，保护环境就是保护生产力、破坏环境就是破坏生产力、改善环境就是发展生产力。

生态经济学是从经济学角度来研究“经济—社会—自然”复合生态系统运动规律的学科，它研究自然、人类、社会、经济活动的相互作用，从中探索经济、社会和自然复合系统的协调和可持续发展的规律性，指导人们合理调控系统，使其物质流、能量流、资金流和信息流的输入输出平衡合理，实现自然资源和社会资源的配置优化，满足人类的经济需要和生态需要，指导人们建立可持续发展的经济、社会和自然指标体系，满足人类可持续发展的经济需要和生态需要。直白地说，就是既要考虑当代人的眼前利益，也要考虑子孙后代的长远利益。要建立符合当前和未来经济利益的良好发展体系，促进复合生态系统呈现可持续发展的功能状态。要建立当代人和后代人之间合理的生态经济利益关系，为后代人留下良好的生态经济社会综合条件。

社会经济系统和自然生态系统之间的相互促进、协调发展、良性循环才是目前被全世界公认的人类应选择的“可持续发展”之路。人类社会经济发展模式是从经济增长、经济发展到可持续发展的探索的过程，但要指出的是，发展不简单等同于经济增长。可持续发展既符合自然规律也符合经济规律，重视对环境的保护，长远来看也是维护经济利益的措施，是经济建设的一部分。树立“绿水青山就是金山银山”的价值观，是推进经济增长的重要措施，为经济增长提供新的评价标准，拨正经济发展和生态保护对立的错误的思想观念，明确二者相互联系和互为因果的关系，优化资源配置，实现经济、社会与环境三大效益的统一。经济发展要有利于生态系统的良性循环，要有利于资源的持续利用，不能忽视了环境的再生产过程，不能以浪费资源和破坏生态环境为代价。

（二）可持续发展的对象和目标

可持续发展的对象是以人为中心的“经济—社会—自然”复合生态系统，即由人口、资源、环境所组成的复杂的人类生态系统，具有物质流、能量流、信息流、人流、价值流，以及调控和缓冲功能。这个复合生态系统包括了不同的亚系统，在各亚系统内部和各亚系统之间，各部分相互依赖、相互制约，广泛存在着不停顿的能量转化、物质循环和信息控制的生态过程。各部分共存于复合生态系统内的多种生态元之间，形成了复杂的网络生态关系，维持着整个系统的生态平衡。维持生态系统的稳定，按照能量转化、物质循环、信息控制的客观规律对人类生态系统进行设计和管理，才能维护系统内部的持续能力、环境的持续能力和整个系统的良性循环，才能保证整个人类生态系统可持续发展。正是因为存在能量转化过程，生态系统得以存在和发展；正是因为存在物质在系统内外的循环，生态系统得以更新和再生；正是因为存在信息的传递和控制，生态系统得以有序建立和延续。

人类的一切经济活动都存在于生态系统的运行中。可持续发展的最终目标就是要调节好生命系统及其支持环境之间的生态关系。“经济—社会—自然”复合生态系统良性循环，使有限的自然资源和生态环境为当代人和子孙后代支撑起生命系统的健康运行。因此，要做到经济效益与环境效益、社会效益协调发展，人类的一切活动既要遵循经济规律，也要遵循生态规律和社会规律。

（三）可持续发展的价值观

可持续发展概念的提出，是由于人对生存发展条件的担忧。可持续发展理念的核心，就是使人生存发展的条件持续存在，实现人的长久发展。因此，可持续发展是涵盖自然、经济以及社会这三者的协调发展，即以人为中心的系统整体发展观、价值观。可持续发展强调一部分人的发展不能妨碍另一部分人的发展；一个国家或地区的发展不能影响其他国家或地区的发展；当代人在发展科技、发展经济、追求利益的时候不能破坏生态环境，不能破坏后代人发展的基础，不能影响后代人的利益和发展。

有人认为，可持续发展是对人类中心主义的否定，人类只有“回归自然”，放弃对自然的改造和控制，才能实现可持续发展。事实上，从长远角度看，可持续发展才是更全面的、更高层次地对人类中心主义的肯定。可持续发展不仅是保护自然的措施，从深层次来看也是对未来人类种群的人文关怀，对未来人类利益和发展的关切。可持续发展战略本质就是着眼于人类的长远利益，主张提高人的素质，树立正确的人生观、价值观、生态观，促进人们主动选择健康、文明的生活方式，热爱自然，保护自然，实现人与自然和谐相处的目标。

（四）可持续发展的本质

广泛接受的可持续发展定义有两个重要内涵：一是满足人类的需求；二是满足人以外的自然生态系统存在和良性循环的需要。发展不能破坏自然生态系统的平衡，否则会影响后代人的发展，这是人类发展具有可持续性的关键所在。绝对人类中心主义，威胁自然生存的需要，发展无以为继。可持续发展从概念到行动，其认识基础是地球资源与生态环境承载能力有限论。因此，可持续发展的前提是发展，关键是发展的可持续性。

从可持续发展的对象看，可持续发展具有两个显著特点：一是“人—社会—自然”复合系统的整体性。现实世界是有机的统一整体，它们是不可分割的。二是“经济—社会—自然”复合生态系统的整体性，即可持续发展系统运行的整体性。将经济发展、社会发展和生态发展紧密联系起来作为一个统一整体来考虑，视人类经济社会和地球生态环境为一体，所要解决的不仅有人与自然关系的矛盾，还有人与人关系的矛盾。可持续发展是一种以人与自然协调发展、人与人平等和谐、环境与经济协调发展的生态文明为基础的现代发展模式，这种全新的发展模式遵循两条基本原则，即以人类可持续发展为主导，以自然可持续发展为基础。

可持续发展是从单一的以经济发展为目标到以社会、生态、经济多方面发展为目标的全面协调发展。用生态系统的“整体、协调、循环、再生”法则来调节人与人、人与社会之间的关系，调节人与自然之间的道德关系，调节人的行为规范和准则，维护人类生态系统的平衡。

可持续发展的本质就是生态文明。从整体观、系统观、伦理观和价值观的角度看，可持续发展就是实现新一轮的“生态革命”，运行的是一条从对立型、征服型、污染型、破坏型向和睦型、协调型、恢复型、建设型演变的生态轨迹，达到的是从社会经济的一维繁荣走向“经济—社会—自然”复合生态系统的多维立体繁荣。

二、生态文明是可持续发展的支撑和保障

（一）生态意识：可持续发展的思想理念和价值取向

环境问题的解决不仅需要技术突破，而且需要政治和经济的制度的创新，更需要人们的价值观和生活方式的相应变革。可持续发展是生态文明的重要价值理念。可持续发展战略的关键在于树立正确的人生观和价值观，确立合理的生存态度、发展理念和发展模式，选择健康、文明、绿色的生活方式。可持续发展强调自然是不属于任何人或任何群体的私有财产，它不仅涉及当代人的整体利益，还涉及当代人之间及当代人与后代人之间关系的调整。生态知识是生态意识的科学基础，人与自然协调发展的价值观是生态意识的灵魂，生态意识的主要内容包括整体发展观、人与自然的协调发展和人与人的平等和谐。整体发展理念要求人们从整体的角度来理解环境问题的复杂性。

1. 生态意识为可持续发展奠定世界观和全新的价值观

人类中心主义价值观的核心是把人看成地球生态系统中唯一的价值主体，其需要与利益至高无上，而非人类生物及整个生物圈仅仅表现为满足人类需要的工具价值，大小由其能力来决定。人类中心主义价值观认为人类实践活动以能否实现人的利益为目的和衡量的价值尺度，甚至认为生态的平衡也是“以人的价值观为判断依据”的。包括自然中心主义和生态中心主义在内的各种非人类中心主义，

则走向了另一个极端，将自然和生态的重要性唯一化、绝对化，丧失了社会发展的价值目标和现实意义。

生态意识是人与自然协同发展的理念，它可以修复旧意识造成的生态恶化，创造新的文化来与环境协同发展、和谐共进。从主客二分思维模式的机械世界观发展到整体论世界观，从"唯生产力"的片面经济增长发展观转变为全面协调可持续发展的整体发展观，人类的生态意识为可持续发展奠定了思想基础。生态意识蕴含的人与自然协调发展的整体价值观，在肯定人类主体地位、充分发挥人的主观能动性的同时，也能处理好人与自然、人与人之间的关系，促进人、自然、社会全面协调的可持续发展。生态意识是可持续发展的先导，为可持续发展树立了全新的价值观念。在生产和生活、技术创新和制度创新中贯穿生态意识，维护人与自然的生态平衡，积极促进生态系统与经济系统的良性循环，增强公众节约资源能源、保护生态环境、维持生态平衡的意识，培养公众的忧患意识、责任意识和参与意识，以便能推进生态可持续发展。

2. 全新的生态伦理道德观为可持续发展提供"自律"驱动力

全球生态问题的出现，人类应承担主要责任。生态文明与可持续发展必须有法律和道德作为保障，方能稳步前进。一方面运用法律强制手段约束人的行动；另一方面运用道德规范，引导人类自身内在驱动力，形成自我约束。道德与法律，一是自律，二是他律，以德治国和依法治国，内因和外因辩证统一，缺一不可。法治的健全与有效实施，不仅取决于法制本身完备周全，同时也在于人的道德理性。

生态伦理道德观就此应运而生，它的出现，是可持续发展的内在要求和客观必然。生态伦理道德观规范人们的行为，遏制人们的贪婪，保障发展的可持续性。人类发展的社会化、国际化趋势不断深化，全球人类变成一个整体，相互影响和相互依赖。人与自然不能处于矛盾对立的状态，与自然为敌，是在摧毁人类自己的家园，不利于人类可持续发展。因此，必须确立生态伦理道德观，做到维护人类的共同利益，创造人类生存和发展的良好环境。人与自然唇齿相依、共生共荣、和谐相济，最终实现全球可持续发展。

引起人类发展问题的生态危机是在上代人与下代人不平等的道德思想支配下产生的。资源透支和浪费、环境污染、生态失衡，这一切是由人类对生存和发展所依赖的自然不负责任的行为导致的。只顾眼前利益，其结果必然是支撑生命系统的环境遭到严重破坏，发展难以持续。因此，实现可持续发展，人类必须遵循全新的生态伦理道德观，增强生态道德责任感，规范自身的思维和行动。生态伦理道德观为可持续发展提供"自律"驱动力。

3. 生态意识为可持续发展提供精神动力

科学技术的发展和人们观念意识的转变（包括伦理道德观念）为可持续发展的理念登上历史舞台做了铺垫。人类可以利用自然，改造自然，但归根结底是自然的一部分，必须呵护自然，不能凌驾于自然之上。在工业文明初期，人类自认为已凌驾于自然之上，疯狂掠夺自然资源，破坏自然，导致生态环境迅速恶化。一些人的价值观、道德观在市场经济大潮中被扭曲，对自然资源的掠夺行为和对环境的破坏行为日益增多。公众的环境保护参与意识、社会发展的生态意识在自身的利益面前逐渐淡薄，全然不顾他人的利益和子孙后代的幸福。在开发利用自然资源的过程中人们急功近利，片面强调经济增长，忽视环境保护与环境资源的承载力，形成了人与自然、人与人之间关系对立的局面。当人类已经能上天入海，陶醉在科技给自己带来文明的时候，也尝到了自然给予人类的种种苦果。

生态意识给人类提供了一种全新的思维方式和价值观念，激发了人对自然的亲近感、热爱感和对人与人之间和谐关系的珍惜和追求，从内心深处认识到自然资源的有限性，使用资源的有价性。整体发展、平等发展观点给人们提供了一种全新的生态意识，从而为可持续发展拓展了认识道路，提供了精神动力。生态意识深化了人与自然的关系、人类的平等原则和人自身矛盾与发展的认识，拓展了人类的道德范畴，提升了人类的精神境界。

（二）生态环境：可持续发展的基础和前提

人类社会在发展，人类的生态环境在进化，从单一的自然环境进化到自然环境和人工环境并存，并由此产生了政治环境、经济环境、文化环境和社会环境同时存在的复合环境。在生产力水平较低的条件下，人类只是利用环境、适应环境，维持生存和繁衍。工业革命造成了严重的环境污染和破坏，污染由陆地扩展到海洋和天空，形成“立体污染”。随着科学技术的快速发展，环境污染不仅没有减轻，还出现了新的环境问题，如核污染、太空垃圾、电子垃圾等，严重威胁人类的生存和发展。生态环境污染日益严重的情况化成了风，吹散了将人类困顿在科技发展优先生态保护想法中的迷雾，人们逐步认识到，生态环境是人类社会可持续发展的基础和前提。

1. 良性循环的生态环境系统是可持续发展的重要保障

可持续发展能力的增强依托于资源能源的合理高效可持续利用、良好生态环境的支撑和生态平衡的维护。传统的经济增长模式忽视了生态环境的承载能力及其自身的发展，导致经济活动“有增长而无发展”，破坏了继续发展的前提条件。

发达资本主义工业化国家无一例外地走上了“先污染后治理”的道路。当我们重新审视人类经济活动的全过程时发现，现代经济运行的社会系统实际上是建立在自然生态系统基础上的巨大开放系统，以人类社会经济活动为中心的社会生态系统与自然生态系统相互依赖、相互作用、相互制约、相互影响。任何社会经济活动，都离不开作为主体的人和作为客体的自然生态环境，所需要的物质和能量，无一不是直接或间接来源于生态系统（包括社会生态系统）。只有遵循生态经济学原理，综合协调人类与生态环境要素之间的互动关系，正确地处理保护与发展的关系，有效控制发展带来的环境代价，在较高生产力水平上与生存环境协同进化、共同发展，促进区域人口（社会）—资源（经济）—环境（自然）复合生态系统的良性循环，才能以适当的投入，获取最佳的经济、社会和环境效益，促进生态系统与经济系统的协调发展，实现人类社会的可持续发展。

2. 环境创新是实现可持续发展的关键

可持续发展不断突破自然资源有限性的具体含义，不再是单纯地保护环境、节制资源利用，而是主动创造有利于可持续发展的生态环境，在环境创新中获得促进人类可持续发展的环境支持。环境的改善和优化为经济发展创造了前提条件；社会经济的发展为环境问题的解决提供了物质手段；人类与生态环境协同进化与和谐发展，是可持续发展的真谛。这种生态环境与可持续发展的良性互动为实现人与自然、人与人协调发展的生态文明展现了无限光明的前景。

（三）生态科技：可持续发展的科技支撑

现代科学技术在给人类带来巨大利益的同时，引发了一系列全球性生态危机，使社会形成了罗马俱乐部关于人类“增长极限论”的悲观思潮。以法兰克福学派哈贝马斯为代表，在他看来，理论界的主要任务就是批判科学技术。现代科学技术渗透到社会生活的各个领域和各个方面，成为头等的生产力。在这种情况下，如何正确估价科学技术的作用，应该成为“理解一切问题的关键”。有学者把两次世界大战及其灾难与科学技术的发展联系起来，产生科技发展悲观论，在西方形成一股反对现代科技的思潮，认为科学技术使人发生异化，科学技术是双刃剑，生态破坏和污染来源于科学技术的进步，由此否认科学技术对社会的积极作用和贡献。前文已谈到，这些认识不仅是片面的观点、似是而非的观点、模糊的认识，而且与社会总体发展的历史规律不相符合，低估了科技对历史的推动作用。这实际上是对马克思主义的曲解，也是对科技作用的歪曲。将资本主义利用科技造成工人的“异化”，说成科学技术本身造成的人的“异化”。没有意识到主要矛盾的根源，科技本无罪，重要的是使用者如何去正确地使用它。工业文明发展过程中造成的环境污染，是在操作和运作过程中出现的污染，是由人们在研究、开发和利用有关科技的过程中，没有充分认识污染、安全利用，因此，不能对弊端的源头视而不见，归罪于科技本身。可持续发展不仅对科学技术的发展提出了生态化的要求，即科技生态化，还对科学技术的利用提出了生态化的要求，即生态科技化。不仅要在科技利用的过程中保证生态安全，也要从科技发展的源头上保证生态安全，为人类社会的可持续发展提供科技支撑。

科学技术是辩证统一体。科学是发现，是技术的理论指导；技术是发明，是科学的实际运用。科学技术是人类文明的标志，它对可持续发展十分重要。工业文明的技术方式只适合生态规律的某一方面，缺乏全面性，破坏了自然的有机联系，使生态系统严重失衡。要想尽可能避免科学技术在工业发展中对自然造成损害，必须按照生态学原理的要求进行科学技术的研究、发展、管理与应用，加强对科学技术的生态后果的调控，在可持续发展的原则下开展科学技术活动，实现科技生态化和生态科技化。

科技生态化就是调整科技的发展方向与目标，不使人与自然处于对立的位置，协调二者之间的关系，既要认识、利用和改造自然，又要认识和调节人类自身，认识和调节人与自然的关系，认识和调节人的活动对自然的影响。科技生态化能为人类发展和自然发展的过程中产生的矛盾提供解决方法。不将追求经济效益放在首位，兼顾发展中的生态问题。这是对科学技术的理性要求，既符合科学技术的理性本质，又符合文明的理性本质。这是可持续发展理念下，绿色科技观的显化，推动和引导当今时代下新的道德观的建立。因为科学研究行为必然受到科学家的世界观、价值观、道德观的支配，尤其是受其社会伦理责任感的直接支配，一项科学研究，如果应用在正道上，可以为人类造福，如果应用在旁门左道上，也可以给人类带来灾难。社会应该激发科技人员从事生态科技的兴趣和热情，科技工作者也应该主动承担起维护生态平衡的责任和义务，致力于研究生态科技，成为可持续发展的有力支撑。考虑科技活动对生态的影响，做到不危害生态环境，做对生态环境有益的事。

生态科技化强调，高新技术的应用范围和行为应该根据科学应造福于人类和维持生态平衡的准则，在科学技术应用过程中贯穿生态文明的理念，不滥用科技危害生态环境。有机集成、生态组装科学技术，如信息、生物、海洋和太空等领域的现代高新技术的科技成果，将其广泛应用于资源高效利用、环境保护和生态建设的具体实践中，可以改造传统产业，发展生态经济，进行生态革命。运用生态学原理，发挥高新技术集成优势，不断提高资源利用率和利用效率，减少污染物排放量，维护生态平衡，实现良性循环，推动可持续发展。

绿色科技是为了解决生态问题而诞生的，即用生态学整体性观点看待科学技术发展，实行科学技术的生态化，把科学技术应用于“人—社会—自然”的有机整体中，运用生态学观点和生态学思维，确立生态保护和生态建设的目标，发展绿色科技。绿色科技不仅包括了传统的末端污染控制和处理，而且包括生产、流通和消费各个环节的技术。在污染治理方面，为了实现减少环境污染的目标而发展的生态治理的先进技术，如污水处理技术、垃圾无害化处理技术等，涵盖了水土保持、生物多样性保护等各种生态治理技术；在污染风险预防技术方面，研究发展了“清洁工艺”“清洁生产”和高效节能技术等提高资源能源利用效率和优化生态环境的技术，如提高煤炭的燃料效率，废弃物资源化循环利用，资源综合利用、循环利用和再生等减少污染物排放技术，以及生态建设等环境创新技术。迅速发展的生物技术已成为绿色科技的主体。“清洁”能源和可再生能源的研究开发，如太阳能、氢能、风能、海洋能、地热能、生物能、太空等；其使用设备、运输工具的配套研发；生物可分解材料的研究开发等；为化解世界性能源和环境问题、提高人类生活质量提供了新思路。绿色科技的运用对于环境是友善的，因为，只要与绿色科技相关的技术、产品、服务等符合环保规范，无论是在整治污染、改善环境方面，还是在资源的合理开发、保护与可持续利用上，都有助益。绿色科技是一种能够把保护环境、提高效率、改善生态、发展经济统一起来的全新技术体系。运用绿化科技发展生态经济，开发再生资源，防止环境污染，维护生态平衡，协调经济效益、社会效益和环境效益，反映出生态文明的发展理念，推动了人类社会可持续发展。

（四）生态制度：可持续发展的制度保障

生态破坏的关键在于“人的问题”。部分群众环保意识和生态知识欠缺；盲目追求经济增长和高消费的生活方式，激发了更多人的消费欲望，造成了资源浪费和环境污染。因此，可持续发展需要两股力量保驾护航：一是法律的约束力；二是道德自制力。二者相互促进、相辅相成。生态制度是促进生态文明发展的制度规范、法律法规、体制机制的总称，是生态文明的制度成果。在政策法规和体制机制中，将可持续发展的理念贯彻其中，强化人们的可持续发展意识，调控社会生产、生活和生态功能；规范和引导人们节约资源的行为，保护资源环境；发展清洁能源和可再生能源，推广清洁生产机制，做好生态科技的开发；建设科学合理的能源资源利用体系，提高能源资源利用效率；通过机制和体制的完善与发展，落实责任制和考核制；提高自主创新能力、建设创新型社会，形成合作和竞争的新优势，在强调效率的同时兼顾公平。

邓小平说过："制度好可以使坏人无法任意横行，制度不好可以使好人无法充分做好事，甚至会走向反面。""领导制度、组织制度问题更带有根本性、全局性、稳定性和长期性"。[①] 可持续发展离不开生态制度的保证。

1．实现可持续发展战略的重要保障

生态制度具有法律性、引导性和强制性，在一定程度上，可以规范以利益为重的指导思想，限制危害生态的经济行为。当生态意识在人们的心目中还没有牢固树立，生态建设还没有成为人们的自发行为和自觉行动的时候，特别是在商业竞争日益激烈的今天，生态制度将可持续发展原则作为立法的依据，通过法律强制手段，引导人们通过生态治理，偿还生态欠债，发展生态产业，防止生态新账，做到"多还旧债，不欠新债"，形成可持续发展的体制机制。一味重视经济发展，忽视生态环境治理，导致生态问题陷入积重难返的局面，留下许多"旧债"待偿。其后果就是环境恶化、灾害加重，人类生存和发展面临严峻的生态问题，影响可持续发展。因此，必须强制要求人民群众、企业单位加强污染防治和生态治理，促进生态修复，维护生态平衡。坚持预防为主、防治结合，保护与建设并重、开发与保护并重、利用与补偿并重。关于生态制度方面的法律、法规，国际上有环境法，它是根据资源环境的平等原则，经协商一致制定的国际环境保护规范性文件，是由环境保护国际条约、双边协定和多边协定法律规范组成的有机整体。我国始终对全球环境保护和可持续发展持积极负责任的态度，加入或者签署了《生物多样性公约》《联合国气候变化框架公约》等 57 个主要的国际环境条约、公约或者协定，并制定了《中华人民共和国环境保护法》《中华人民共和国海洋环境保护法》《中华人民共和国草原法》《中华人民共和国森林法》等 24 部环境和资源保护法，97 部涉及环境保护内容的行政法规和法规性文件，并分类形成了地方性法规和规章制度。其主要包括环境影响评价制度、排污申报登记制度、许可证制度、生态恢复补偿制度、限期治理制度、清洁生产和清洁生产审核制度、设备淘汰制度、应急处置制度、生态环境补偿费制度等生态制度。

2．实现可持续发展的根本保障

在构建生态文明和实施可持续发展战略的前期，依靠法律法规强制执行，可

① 邓小平．邓小平文选 第二卷[M].2 版．北京：人民出版社，1994.

以起到一定的保障作用。但从根本上来看，要使可持续发展成为人们自觉的行为准则，仅有环境立法是不够的，必须通过政治、经济、技术等多种手段，逐步形成节能减排、保护环境、生态良好的可持续发展综合保障的体制机制，让平等成为人们生产生活中自觉遵循的原则，使生态文明和可持续发展成为人们骨子里不可改变的元素。通过建立与可持续发展相适应的经济管理体制和行政管理体制，调整经济政策，优化产业结构，促进科技发展，提高生态技术含量，使经济发展不再以生态破坏为代价。在产业政策上，支持和鼓励节约能源和资源、减少废弃物排放的产业，同时运用财政金融政策和新的价格体系等经济政策和手段，引导生态型项目开发，防止和遏制资源浪费和生态破坏性政策，支持快速恢复生态植被的资源补偿性政策，以及为可持续发展模式提供智力支持的科技投入政策。形成生态产业的激励和约束管理体制，鼓励发展节能降耗、环境友好、生态科技含量高的生态产业。在重大发展战略决策上，允许科学家和普通百姓代表直接参与，进行生态效益评估和生态建设，制止只顾眼前利益和局部利益的短期行为和个人功利主义，保障发展的健康性和可持续性。贫困地区的可持续发展问题，首先，要考虑人们生存的自然生态环境，这是解决民生和脱贫致富的基础，必须努力形成以自然生态资源为优势的转化体制，逐步实现经济发展和环境改善的良性循环。其次，要控制贫困人口数量，提高贫困人口素质，在贫困地区推广各种生态技术。

3. 健全和完善机制，实现可持续发展

第一，通过完善市场经济体制，优化市场运行机制，把资源利用和环境保护纳入市场经济体系、国民经济核算体系之中，建立并完善自然资源的有偿使用机制和生态环境恢复的补偿机制，利用竞争规则有效地淘汰那些浪费资源或低效率使用资源、废弃物排放严重的市场主体和行业部门，并严格遵从“谁开发，谁保护”“谁污染，谁治理”的政策，最终形成以经济、社会与环境同步协调发展的可持续发展实践为主体的模式。大力扶植发展生态产业、绿色市场和绿色消费，建立并完善有利于发展生态产业的市场机制，使社会生产、流通、分配、消费的再生产的各个环节良性循环，全面协调可持续发展。通过不断提高生态科技和高新技术的含量，提高劳动生产率和资源利用率、利用效率，保障可持续发展。

第二，改革、完善政绩的考评机制。经济增长只是手段，发展才是目标。但有经济增长不一定带来发展，“有增长无发展”的唯GDP考核目标是不利于人类经济社会可持续发展的，必须建立和完善一个适合经济与生态发展的综合考核指标体系，以此促使政府官员在任期中朝着可持续发展的方向选择发展战略。因此，不能不顾及资源、环境成本，“以GDP和经济增长而论英雄。”当然也不能忽视

GDP 的增长，因为 GDP 是发展的基础。以人为本的绿色考评机制，改革和完善了经济核算和政绩评价制度体系。以“绿色 GDP”为主要内容的新的核算评价体系，把资源、环境、民生等纳入了核算考核内容，使各级干部全面关心经济、资源、环境、社会、民生的协调可持续发展，为构建生态文明，推动可持续发展，提供了强有力的保障。

第三，重构政府联系群众、协调利益、整合社会的有效机制。人是可持续发展的实践主体，不同人在利用环境和自然资源的机会上是平等的。传统发展观破坏了利益公平规则，导致了发展的不可持续性。政府必须通过重构资源分配均衡机制、利益分配公平机制、利益表达与参与机制、利益冲突调解机制、利益观念导向机制，密切联系群众、协调各方利益、整合社会资源，缓解人与人之间的各种矛盾，构建人与人之间的和谐关系。这是可持续发展的关键所在。

第四，发展生态科技的激励机制。未来社会发展的竞争主要表现为科技的竞争，国力的强弱也主要体现在科技水平的高低上，当今这种科技发展新形势已为我国通过可持续发展道路，跻身于世界强国之林提供了可能。可以通过生态科技的激励机制，大力发展绿色科技，充分发挥现代高新技术的科技优势，让生态科技成为可持续发展战略的突破口。

第五，完善教育和惩处相结合的机制，强化全民环保意识，保障可持续发展。目前公众的生态意识相对薄弱，更多关注生活环境，而不是自然大环境。某些地区为了局部经济的发展，对破坏生态的行为置若罔闻，有法不依，违法不究。教育和惩处相结合的机制，一方面，对破坏生态的行为依法惩处；另一方面，在全社会进行生态知识和生态文化教育，有利于强化全民的生态意识，使其自觉地进行生态实践，保障可持续发展。

（五）生态经济：可持续发展的经济模式

经济发展不仅意味着社会财富量增加和社会经济水平的提升，还意味着质的方面的变化，包括经济结构、社会结构的创新，社会生活质量和投入产出效益的提高，是实现经济增长、形成经济结构、影响生态环境、进行收入分配、表现生活质量等具体方式有机结合的总体。传统经济增长模式的弊端就是忽视了自然对人类生存、生活的影响，将其看作任意拿取的原料仓，不考虑资源的自生、再生和共生，忽视了资源的有限性。经济增长是基于生产要素组合产生效益后，实现经济发展的具体方式和基础条件。西方工业化发达国家的现代化道路，视国民生产总值为综合经济指标。一些发展经济学家认为，发展就是要推进经济增长，增加国民生产总值，提高人均收入水平，把经济指标的增长视为发展的结果，发展中国家发展的障碍源于过度的资本缺乏和过度贫困，一些发展中国家走上了发达国家的老路，追求经济总量的增长，但指标上去了，却并未真正实现发展国家的目标，出现了“有增长而无发展”的现象。

生产力是人类社会发展的根本动力。生态经济是一种生态文明的经济发展表现形态，是旨在摆脱现实社会面临的各种困境的一种理念和模式，可持续发展呼唤人类从传统工业化的经济增长方式和经济发展方式转向生态经济发展方式，从粗放型经济增长方式转向集约型经济增长方式，即从以增加投入为主转向以提高科技含量和资源效率为主。在集约型经济增长的基础上，优化生态经济发展方式，包括产业结构优化升级、节约能源资源、保护和改善生态环境、促进收入分配合理公平、提高生活水平和生活质量等。

1．可持续发展的现实要求

第一，生态经济突破资源短缺的制约。要缓解乃至解决可持续发展中的资源制约，只有两条现实路径：一是节约资源，提高资源利用率和利用效率；二是开发资源。无论是发达国家，还是发展中国家，在国家治理发展中，要保持一定的社会经济发展速度，实现可持续发展，都面临着严重的资源短缺问题。在开发资源上有三种途径：新资源的开发、可再生资源开发和废弃物资源化循环利用。在解决可持续发展问题的所有资源对策中，其共同点在于依据生态学原理，发展生态经济，走集约型经济发展和资源节约化道路，创新生态科技，提高资源循环利用率、利用效率和生态效率。

第二，生态经济缓解生态环境恶化的压力。在激烈的全球经济现代化发展中，普遍存在着追求经济增长，忽视以至牺牲保护生态环境目标，忽视宏观调控和全球协调的倾向。持久性有机污染物的危害加重，甚至在生产生活、食品安全、人体健康上，都存在风险和难以预料的潜在影响。生态环境问题更加复杂、风险更大。气候灾害增多、加剧；全球气候变暖，冰川消融，海平面相应升高；大气圈的臭氧入不敷出，浓度降低；淡水资源不足；水体富营养化；城市大气复合污染、生物多样性骤减及突发的重大环境污染事件等，危及生态安全和社会稳定。此外，环境问题在国际事务中的重要性也越来越突出。履行国际环保公约、改善全球生态环境、突破绿色壁垒，成为新时代的新热点。环境恶化是可持续发展的障碍，环境保护是可持续发展的基础保障。发展生态经济，实现经济和环境效益协调发展，是保障可持续发展的现实要求之一。

第三，生态经济成为时代要求和新的发展优势。生态社会是建立在信息化、知识化基础之上的新型经济社会，其推行有助于生态功能恢复的生产方式和消费方式，同时，它也是建立在信息化、知识化基础之上的新型经济社会可持续发展模式。世界正在进入信息化、数字化、网络化、生态化时代，从工业革命走向生态革命，从工业社会走向生态社会。可持续发展与生态文明成为当今的时代主题，科技创新、理论创新和制度创新是有效利用资源的途径，是推动经济社会可持续发展的不竭动力。生态环境良好，既是对消费者福利的保障，也是吸引企业投资和增强企业竞争力的前提条件。无论是生产生活方式和产业结构，还是社会组织结构与管理方式都将进一步深刻改变，资源消耗粗放型和环境污染型的传统经济增长模式、产业结构不合理，深层次矛盾日益突出，创新能力不强，缺乏核心技术和知识产权，缺乏国际经济合作和竞争优势，不适应时代要求和新的发展趋势，难以为继。

2. 可持续发展的生态经济理论思考

第一，自然生态系统与社会经济系统的关系。自然生态系统和社会经济系统的关系是对立统一的，二者相互依存、相互影响、相互促进，是生态经济体系中的两个子系统。二者的矛盾集中体现在自然生态系统本身承受能力的有限性同社会经济系统对自然生态系统需求的无限性之间的冲突上。自然生态系统是社会经济系统的基础，社会经济系统是自然生态系统的主导。自然生态系统是社会经济系统存在的前提和运行的自然物质基础。自然生态系统对社会经济系统起到制约作用，反过来，社会经济系统对自然生态系统会产生反作用，社会经济系统中的活动会直接影响或干扰自然生态系统的现状和运行规律。生态经济全面把握自然生态系统和社会经济系统各自的运行规律，尊重自然生态系统的基础地位的同时，适度发挥社会经济系统的主导作用，建立了人与自然和谐发展的生态经济体系，保障了人类社会的可持续发展。

第二，生态经济的特点。生态经济具有生态良性循环、知识性和可持续性的特点，保证了经济能在维持人类赖以生存的资源和生态环境的基础上可持续发展。生态经济遵循生态规律和经济规律，强调经济发展的生态良性循环，以可再生资源和无污染的资源为主，通过提高资源的利用效率和废弃物资源化循环利用，减少资源的投入和环境污染，在经济发展的各个环节都力争做到能耗低、污染小且可循环，并通过保护和建设生态环境，促使自然、经济与社会协调发展。生态经济的发展有利于人们生态文明观念的形成，进而有效保护生态环境，建立一个清洁的生产体系和生态产业良性循环系统。保障生态产业内部和生态产业之间的协调与发展，促进社会经济全面协调发展。生态经济是一种科技含量较高的经济形态，既能发展经济，又能保护自然和生态环境。生态经济强调经济体系发展的系统性、全面性和协调性，在经济发展中更加注重人与自然的和谐发展、经济的可持续发展和人的全面发展的原则，兼顾人类当前利益和长远利益，保证人类的永续发展。

第三，生态经济的原则。生态经济遵循四条原则：一是坚持经济效益、环境效益、社会效益协调统一的原则。生态经济从理论上结束了长期以来把发展经济和保护资源相对立起来的错误观点，并明确指出二者应是相互联系和互为因果的关系，追求环境效益、经济效益和社会效益的有机统一，并把系统的整体效应放在首位，保障发展的可持续性。二是坚持因地制宜、因时制宜原则。充分挖掘不同区域、不同时间的资源优势、特色优势的潜力，立足生态资源，优化产业结构，确定生态产业。三是坚持生态原则。遵循生态规律，多渠道、多联合，大力发展大系统之间、小系统之间及其内部不同部门、不同产业的循环经济。开发生态项目，壮大生态产业。四是坚持生态治理与预防并举的原则。强调在针对生态环境恶化的问题上，在解决的同时，也要发展环境友好型经济，坚持保护优先、以预防为主、防治结合。严格做到“多还生态旧债，不欠生态新债”。

第四，生态系统观。生态经济把当代人类赖以生存的地球及局部区域，看成是由人、自然、社会、经济、文化等多因素组成的复合生态系统，各生态单元之间相互联系、相互依赖、相互影响、相互制约。这种系统论的观点是生态经济的理论核心。人与自然矛盾的产生，就是由于包括人在内的这一复合生态系统各个生态单元之间关系的失调。可持续发展有赖于资源可持续供给的能力；有赖于其生产、生活和生态功能的协调；有赖于自然资源系统的自然调节能力和社会经济的自组织、自调节能力；有赖于社会的宏观调控能力，部门之间的协调行为，以及民众的监督与参与意识。任何功能，无论是过度或是缺失，都会影响系统中的其他组成部分，影响整体可持续发展进程。

第五，生态经济的资源观。生态经济强调对不同属性的资源采取不同的利用对策。对于不可更新资源，提高其利用率，加强循环利用，并尽可能地用可更新资源代替，以延长其使用寿命；对于可更新资源的利用，生态经济充分考虑其自生、共生和再生（三生），将可再生资源的利用限制在其“三生”能力和承载力限度内，保护生物多样性等各种生命的支持系统，保证可更新生物资源的可持续利用；对于废弃物处理，要尽力促进其转化为特殊资源，通过循环经济模式，实现资源—废弃物—资源循环利用，不仅可以使资源投入减量，而且可以降低污染排放量，推动可持续发展。

第六，生态经济的能源观。能源是一把双刃剑，既是经济发展的驱动力，又是污染的重要来源。工业革命给人类社会带来的污染中，包括化石能源消费产生的污染，而且化石能源都是不可再生的。人们曾经不加节制地使用甚至浪费能源，结果是随着经济的发展，不可再生能源已经日渐枯竭，这已经对经济可持续发展形成了约束。解决好能源配置与可持续供给问题，是关系到可持续发展的重要环节。生态经济实施“节能优先、注重效率、结构调整”的能源清洁化战略，大力发展生态能源，保障能源的健康可持续利用，推动可持续发展。发展生态经济不仅依靠现有可再生能源的自生和再生性维护，而且力求通过能源技术创新，发展替代性的生态能源及技术来解决能源短缺问题和消费中的污染问题。生态能源就是利用现代技术开发的清洁无污染新能源，既不造成绿色能源的浪费，又不引起环境污染。将太阳能、风能、海洋能、核电、光电、燃料电池等作为常规能源的替代和补充，也是改善环境的重要措施。另外，发展生态经济采取了利用能源的绿色技术特别是生物技术，推动能源的绿色化进程。为了解决化石能源消费中的污染问题，生态经济以清洁能源为主，进行清洁生产，转变能源结构，这样一来，既提高了能源的利用率，又减少了对空气的污染。

第七，提倡新的经济发展方式，促进可持续发展。粗放型经济高投入、高消耗，不仅资源被大量消耗，而且造成一定程度的环境污染。由于环境资源的承载能力有限，要发展经济，不能再沿袭传统的发展模式，必须转变经济模式，向集约型经济、知识经济迈进，由传统经济模式向生态经济模式转变。生态经济是资产配置和资源投入高效益的知识经济，把对自然的合理开发和积极保护统一起来，由粗放型经济转变为集约型内涵式的经济，不仅有效减少资源损耗，还能提高资源利用效率，为可持续发展提供动力。不以浪费资源和牺牲自然环境为代价进行发展生产，走绿色生产的道路，强调资源的增值，以最小的资源和环境成本获取最大的经济社会效益，形成新型的生态产业，并使其在产业结构中居于主导地位，成为经济增长的主要源泉。新经济发展方式既能够满足当代人的需要，又不对后代人的利益造成影响，实现可持续发展。生态产业是按生态经济原理和知识经济规律组织起来的基于生态系统承载能力、具有高效的经济过程及和谐的生态功能的网络型进化型产业。它通过两个或两个以上的生产体系或生产环节之间的系统耦合，使物质、能量能多级利用、高效产出，资源、环境能系统开发、持续利用。以节约资源、改善生态环境为前提，以生态为基础，以科技为主导，采用生态科技、清洁能源和材料，注重清洁生产，优化生态工业和生态农业的新型可持续发展生态产业模式，拓宽生态产业的发展空间，加快生物高科技的开发和引进，将名、优、特、新产品开发成绿色产品，不断满足人类的绿色需求。清洁生产又称绿色生产，通过将综合预防的环境策略持续地应用于生产和产品中，以降低环境污染的风险。清洁生产，指两方面的内容：清洁的生产过程和清洁产品，即做到生产过程中无污染，而且生产出来的产品在使用、食用、加工和废弃的过程中，不危害环境，也不威胁人体健康，保障人类生存安全，促进可持续发展和生态文明的建设。

3．循环经济：生态经济的实现形式，可持续发展的根本途径

循环经济，是指在经济发展过程中，遵循生态学规律，将清洁生产、资源综合利用和经济发展融为一体，运用生态学原理和现代科学技术成果，创造和发展生态技术和生态工艺，建立循环生产的模式。循环经济改变了传统的经济增长方式，它是一种以可持续性发展为目标的新经济发展模式。循环经济作为生态经济的实现形式，正成为21世纪世界各国实现经济发展与环境保护协同发展的战略选择，是实施可持续发展战略的重要途径。

循环经济要求按照生态规律组织整个生产、消费和废物处理过程，在人、自然资源和科学技术的大系统内，在资源投入、生产活动、产品消费及废弃物排放的全过程中，把传统的依赖资源消耗的线性增长的经济，转变为通过提高资源利用效率，节能减耗，实现废物减量化、资源化和无害化，实现经济系统和自然生态系统的良性循环，维护自然生态平衡的循环经济。循环经济有三个不同层次的目标：一是基本达到节能降耗，提高资源利用率和利用效率，减少废弃物和污染物的排放。二是在此基础上，延长和拓宽生产链条，促进产业间的共生耦合。三是优化产业结构和区域布局，协调好部门、产业、区域、城乡之间各自的资源循环利用。其本质就是一种生态经济，是可持续发展的内在要求和根本途径。

首先，循环经济的理论核心是生态学和生态经济学。生态学中的复合生态系统原理、物质循环与能量流动原理，是循环经济的理论核心。循环经济从“社会—经济—自然”复合生态系统整体论出发，将人类本身置于系统之中，以生态学和生态经济学原理为指导，效法自然生态系统能量流动和物质循环的规律，根据复合生态系统内外循环和共生的原理，通过不同生态元之间的系统耦合，形成以核心资源与核心产业为主导链的生态产业链，在此基础上将其他生态元与之连接，设计社会经济模式，实现产业网络化、经济生态化。要最大限度地利用生态系统内外的物流、能流、信息流和资金流，全面推进清洁生产，在不同生态元之间形成类似于自然生态系统食物链的生态产业链，使资源在循环中尽可能地被“彻底”利用，物质、能量多级循环流动。循环经济通过资源的高效利用和循环利用，提

高资源的利用率、利用效率和产出率，节约资源；通过延伸产业链、化“污染”为“资源”，实现以最小的资源消耗和环境影响获取最大的社会、经济和环境效益。循环经济核心是资源的循环利用和有效节约，其结果是节约资源、提高效益、减小经济对环境的影响，从而实现资源优化配置、高效利用和循环利用，促进人与自然和谐相处、社会经济可持续发展和人类文明进步。

其次，循环经济的提出和应用，本质是想兼顾经济效益和环境效益，使二者达到微妙的平衡，是实现“双赢”的生态经济。循环经济就是要实现新一轮的“绿色产业革命”，其核心内容就是资源的高效利用和循环利用，以节约资源，尽可能减少“废弃物”排放对环境造成的负面影响，或将影响控制在生态系统可以自我调节的范围之内，降低经济活动对自然环境的影响，做好“废弃物”再生资源化方面的工作，节约资源，改善环境。循环经济兼顾发展经济、节约资源和保护环境，最大限度地利用进入系统的物质和能量，达到“低消耗、高利用、低排放”的效果，尽可能地把经济活动对生态环境的影响降到最小，从根本上解决资源和环境问题。循环经济的目标不是高能耗、高产出、污染严重的物质文明，而是高效率、高科技、低消耗、低污染、整体协调、循环再生、健康持续的生态文明。

再次，减量化、资源化、再循环是发展循环经济所遵循的重要原则。减量化就是通过提高资源利用率，实现节约资源的目标，不仅要最大限度地减少对不可再生资源的掠夺性开发与利用，而且要最大限度地减少可再生资源的投入量。通过清洁生产技术，减少废弃物对环境造成的负面影响，减少进入生产、消费过程的资源总量和废弃物的排放总量。在保证经济增长的同时，实现资源节约最大化和污染排放最小化。资源化就是以“废弃物”利用最大化为目标，最大限度地延长从产品到废弃物的转化，有效延长产品的服务周期，使“废弃物”资源化和资源产品使用效率最大化，生产的产品可以被反复地有效使用，最终的“废弃物”作为资源进入下一个生产环节。再循环，就是以生态产业链为发展载体，以清洁生产为重要手段，通过对“废弃物”的多次回收，做到多级资源化和良性循环，实现“废弃物”的最小排放量和对环境的最小影响。其本质就是指完成使用功能或服务功能的产品、生产过程中的副产品及排放的“废弃物”在经过处理后重新变成可以利用的资源，通过不断循环利用，提高资源的利用效率和环境同化能力。

最后，循环经济是可持续发展的根本途径。人类在经济发展过程中主要经历的是高消耗、高排放、低循环、低效率的经济增长模式，具体表现是“资源—产品—污染排放”这样的单向线性过程。但自然资源不是取之不尽，用之不竭的，对自然的损害也并非永远不会反噬到人类自身，不会威胁人类自身的生存发展。

因此，这种经济发展模式注定不可持续。“先污染，后治理”经济模式是指先不管不顾地发展经济，等到问题严重了，再想办法治理的经济模式。此模式下环境治理成本很高，而不治理则会对人类的生存发展产生影响，到头来，满盘皆输。循环经济模式则是一种建立在进入系统的物质能量不断循环利用基础上的生态经济，实现经济活动生态化，其过程是一个以低消耗、低排放、高循环、高效率为特征的“资源—产品—废弃物—再生资源”的反馈式循环，通过延长产业链，在系统内进行“废弃物”全面回收处理，资源化后循环利用，提高资源利用率和利用效率，节约资源，最终减少污染物的排放量和对环境的影响。

可循环经济将发展经济看作一个“社会—经济—自然”复合生态系统的进化过程。在发展经济的进程中，投入和产出在此生态系统中实现闭合循环利用，健康发展，使经济增长具有可持续性，这是可循环经济的一大特点。发展循环经济有以下几个方面的益处。第一，发展循环经济，实现资源的高效利用和循环利用是缓解经济发展无限同资源有限的矛盾的有效途径。推动实现绿色生产，高效利用废弃物的价值，实现变废为宝，尽可能减少经济社会活动对自然环境的破坏，注重维护生态环境，保护生态环境，将从根本上解决经济发展与资源紧缺和环境保护之间的矛盾。第二，提倡发展可循环经济，可以大幅度提高资源利用效率，减少资源浪费。绿色生产也可以使产品达到国际环保标准，增强我国产品同世界各国产品的竞争力。绿色生产不但可以提高资源的利用率、利用效率和产出率，降低生产成本，提高经济效益，而且可以使产品符合国际环保标准，增强国际竞争力，树立我国在环保领域先行者、倡导者的国际形象。第三，循环经济以可持续发展理念为基础，坚持以人为本，重视人类健康发展。循环经济以社会效益、经济效益和环境效益全面协调发展为目标，通过资源的循环利用致力于从根本上解决自然、社会、经济和生态系统之间的矛盾。循环经济复合生态系统可大可小，小到企业循环，大到全球循环。企业之间、地区之间、国家之间在不同层次、不同范围内发展循环经济，进行企业内部物质循环，产业间多级联合，可以完善环境保护的理念与内涵。通过研究生态工业园区，分析西部大开发、中部崛起、振兴东北地区老工业基地的方法，关注珠江三角洲、长江三角洲和环渤海经济圈的发展过程，可以帮助企业树立循环经济观念，进而发展区域间循环经济，统筹区域发展，加强国际经济合作，发展全球循环经济，促使人与自然的和谐相处。

大力发展循环经济，节约资源，善待自然，保护环境，实现人与自然和谐发展，是牢固树立生态文明观点，推动经济社会全面协调可持续发展的内在要求。循环求发展，生态出效率。

（六）生态消费：可持续发展的生活方式

生产就是消耗资源能源以满足人们更加美好的生活追求，但如果生产过度消耗资源，破坏生活的环境和再生产的条件，那么生产的结果就走向了目标的对立面，成为破坏性生产。同时，社会发展的唯物史观也告诉我们，生活的需求能有效推动生产的发展，甚至引导生产的走向。当人们逐步认清全球生态问题对自身甚至整个人类的生存发展已经构成严重威胁的时候，就会对生态需求和生态生活表现出极高的热情和无限的渴望，这种热情和渴望引导着人们进行生态消费，或称绿色消费，自觉践行环境保护的责任，从而成为构建生态文明、推动可持续发展强大的实践动力。

1. 高消费是人类生存和发展难以为继的根源

先是意大利半岛的文艺复兴，随之而来的是西班牙和葡萄牙的殖民扩张，后面是英国产业革命，再后面是欧洲大陆主要国家法德的工业化，最终是工业革命向美国及东方的扩展。现代化的整个过程在承认人的欲望的合理性的基础上，展示了诱人的世俗化前景，刺激了人类的欲望，左右着人们的消费观，使其物质欲望得到最大的满足。除了满足自身的生存需要、物质享乐和心理追求之外，主要在于满足向他人炫耀自己的财力、地位、幸福和身份，引起他人的羡慕、尊敬和嫉妒。这种需求的出现破坏了人与自然的和谐关系。这种生活目的和生活方式诱导人们对大自然进行掠夺性的开发，忽视环境保护和生态平衡，过度消费、超前消费，破坏了资源的再生能力，造成了资源严重浪费，导致资源短缺、环境恶化、生态失衡，影响了社会的正常发展。高欲望、高品位、高消费、高地位、利己主义和享乐主义构成了一个坚固无比的崇尚浪费性消费、奢侈性消费、炫耀性消费的价值观思想牢笼，诱导了高投入、高产出、高速度、高污染的非理性生产，使人类在与自然对立的道路上越走越远，引起了由于掠夺性开发而造成的不可再生资源的快速枯竭，以及由于缺乏认识和保护而带来的环境污染和生态失衡，导致了整个人与自然的大系统都趋于崩溃，支撑社会可持续发展的基础被破坏，违背了自然规律、生态规律和社会发展规律，危及生态系统中的所有生物及人类自身的生存和发展。

2. 生态消费是可持续发展的生活方式

生态消费是一种符合人类可持续发展需求的消费行为。要想尽量避免人类在实践上存在发展的“极限性”问题，就要认真节制自己的发展实践，包括对人类生活消费的约束。它是相对于传统消费观的变革，推崇一种既符合社会的物质生产水平，又不违背自然规律，在不危害自然环境这一界限下，尽可能满足人的消费需求的消费观念。

首先，生态消费有利于人们的身心健康和生活质量的提高。今天，人们对绿色食品、绿色生活和生态需求的渴望如此强烈，其原因就在于工业文明不断发展，在一定程度上破坏了环境，使人类自身的生存和发展受到挑战。伴随着对生态科技和生态经济的认识和实践，越来越多的社会组织认识到生态生活与人的生命休戚相关，纷纷调整经营战略，开发绿色产品，发展生态产业，引导绿色消费。生态消费以提高生活质量为目的，在人与自然的关系上维护消费者及全社会的利益；以绿色和无公害食品需求、生态环境保护为出发点，用一种文明、健康、高雅、有节制的适度消费方式，代替单一物质数量追求的过度生活方式。生态消费既包括丰富的物质生活，又包括人与自然、人与人的和谐稳定的协调关系。蔚蓝的天空、清澈的水域、灿烂的鲜花、明媚的阳光、茂密的森林和水草丰盛的生态环境成为人类在物质生活得到保障以后的更高层次的追求，因此，人类抛弃了“人是自然的主宰者”、功利主义、享乐主义、消费主义等观念，建立了合理的社会消费结构。生态消费有利于人们生活质量的提高，增强了人们的绿色意识，优化了人们的生存环境，帮助人们树立了生态文明的观念，保障了人类社会的繁荣、稳定和可持续发展。

其次，生态消费是一种节约资源的消费。资源是消费最基本的要素，生态消费唤起公众生存的危机意识和对后代负责的历史责任感，促使人们转变观念，理智而又克制地进行消费，提高人类整体生活素质。生态消费以地球承载能力为限度，对资源的开发不超过资源的“三生”的生态临界值，不让生态系统的自我净化和恢复能力消失，保障资源的可持续性供给，使地球生态系统能够可持续地支撑人类的追求。生态消费引导全社会树立生态文明的消费观，杜绝奢侈性消费和享乐主义消费的生活方式；鼓励使用绿色产品，抵制过度包装等浪费资源的产品；引导人们的消费心理，提高公众的环保意识、节约意识、绿色消费和适度消费意识，使公民能自觉规范自己的行为，主动做到生活中节能降耗。生态消费秉持可持续发展理念，践行绿色生活方式，逐步形成节约资源和保护环境的生活方式，保障人与自然、人与人的真正和谐，实现社会、自然与人类的可持续发展。

最后，生态消费是环境友好型的绿色生活方式。它引导着人们选择既有益于身体健康，又不会对环境造成严重污染的绿色产品和服务，如各种绿色、无公害食品和室内高效节能系统等。实践表明，人们不再无脑追求对物质财富的过度享受，更愿意为生态消费买单。生态消费既能满足人类自身需要，又不存在破坏环境的思想包袱，因而备受推崇。这一现象说明，当下人们尊重自然规律、保护自然环境的意识逐渐加强，倾向于选择对自然界和其他物种影响最小的生活方式，这对于实现社会可持续发展大有裨益。

三、可持续发展推动和促进生态文明建设

可持续发展战略能否顺利推行，取决于人类社会能否进入生态文明。因此，不断推进生态文明发展建设，具有十分重要的现实意义。

（一）可持续发展实践是构建生态文明的具体体现

发展一词本身就是指“事物内部各部分的协调增长的状态”，不协调的增长就不是真正的发展。以可持续发展为前提强调社会进步与人的持久发展，最要紧的是要处理好经济发展与人口、资源及环境的关系。可持续发展以追求人类持久发展为价值目标，以追求生态文明为手段，从而使发展能够持续地进行下去，实现真正意义上的发展。可持续发展中人的发展不仅包括人类物质和精神需求，还包括支撑人类生存和发展的自然环境和社会环境。因此，无论是从可持续发展的目标看，还是从可持续发展的手段看，构建生态文明都是可持续发展实践题中应有之义。

1. 可持续发展追求人与自然之间的协调发展

可持续发展是协调好人与自然关系的战略，在满足人类消费需要的基础上，减少对自然资源的索取利用、不合理开发造成的生态环境问题。可持续战略不能简单理解为顺应自然，而应该理解成人类在发挥主观能动性的基础上，以改造和保护相结合的方式，协调人与自然的关系，做到保护自然与发展经济的统一，保证发展的可持续性。因此，可持续发展思想观念和行为方式的出发点，就是实现人与自然和谐相处的目标，这也是可持续发展理念核心。可持续发展以人为主体，调动人们积极参与的主观能动性，使人类在自身的发展活动中积极主动地促进生存环境的良性循环，在合理利用自然资源发展经济的同时，也肩负起关爱自然、保护自然的责任和义务。坚持人与自然之间对立统一的辩证关系，达到人与自然和谐统一、协调发展，保持自然的可持续利用，推动人与自然的可持续发展。

2. 可持续发展追求人与人之间的平等和谐

可持续发展的原则之一，就是公平性原则。在可持续发展思想的内涵里，它特指机会选择的平等性。可持续发展的公平性原则包括两个方面：一方面是本代人的公平，即代内之间的横向公平性，当代人在利用自然资源、满足自身利益上

实现公正合理，在生存和发展的权利上实现机会平等；另一方面是指代际公平性，即世代之间的纵向公平性，在自然资源的利用上，要保证代际正义和平等，不仅满足当代人的利益和需求，也要为后代的生存和发展利益考虑，保证可再生资源的可持续利用。代内公平的实现是可持续发展最为急迫、最为现实的要求，因为它不仅影响代际公平的实现，而且也决定人与自然协调发展的程度。代内资源分配不公，出现贫富两极分化，贫困地区为求温饱往往无限度地利用资源，富裕者为求过度的享受而掠夺性地滥用资源，从而无法实现人与自然的协调发展。可持续发展倡导人与人之间互相尊重、和谐相处，地球是所有人类共同的家园，每个人都有权力和义务保证自然生态的向好发展，一部分人的发展，不应以牺牲另一部分的利益、权利和机会为代价，尤其要注意维护后发展地区和国家的需求。当下，生态问题还是没有受到广泛关注与重视，关于经济发展出现的生态问题，也没有得到根本的解决。除了客观条件使然，也存在利益相关的人的主观干扰。由于自然资源和环境承载能力的有限性，导致了一部分人的财富建立在另一部分人丧失发展机会和权利的基础之上。他们为了攫取利益，不顾其他人生存发展，向别人转嫁环境资源危机而又拒不承担应负的责任。可见，全球性生态问题不是一个技术性问题，而是人与人之间的关系问题。由此可见，当代人的努力是可持续发展战略目标实现的关键。

实际上，人与自然的关系、人与人的关系、人自身的发展是紧密联系在一起的，这三方面问题的解决是同一个过程的不同方面。人与自然的生态关系归根到底反映着人与人之间的社会关系。在现实中，不同国家特别是发达国家和发展中国家之间在经济、政治、文化等方面存在着差异甚至冲突对立，国家之间、民族之间、集体之间及其内部之间存在着穷人和富人之间的差别和对立。这使得可持续发展理论存在缺陷，可持续发展全球意识不可能真正确立，可持续发展的原则和行动计划无法落实，可持续发展进程缓慢。正是由于可持续发展直接涉及人与人、国家与国家、地区与地区之间既得利益的冲突和调整，因此，可持续发展从当代人子孙后代生存和发展的总体需要，以及其后代人之间的协调关系的角度出发，从环境和资源能够可持续供给的能力出发，用“人类生活在同一个地球”理论和生态文明的思想，要求当代个人之间、集体之间、民族之间、国家或地区之间在人类赖以生存的自然资源和生态环境面前，严格遵守公正平等的原则，在遵循自然规律的基础上，共同拥有开发和保护它们的权利、机会、义务、责任，追求人际、代际的平等和谐关系。可持续发展的行动不仅会处理好人与自然的关系，还将处理好人与人的关系，实现人与人、人与自然的和谐协调。当然，在发展的策略方面，不同发展水平的国家必然会考虑哪一部分人在哪一方面优先发展的问题，但这不能被看作对另一部分人的发展权利的剥夺或在另外方面的发展权利的剥夺。事实上，发展的本质就表现为阶段性和层次性，在资源和生态允许的范围内，尽可能地提高自然资源的利用率和利用效率，保护自然资源的存量，即改变高投入、高增长、高消费和高污染的生产生活方式，最有效地利用资源和最低限度地消耗资源，保证资源的可持续利用。

3. 可持续发展与人的全面发展的良性互动

可持续发展源于人的生存和发展受到严峻挑战，把人类行动的方向引向了直接解决人口、资源、环境等问题，而忽略了人的主导因素。实施可持续发展要见物，更要见人，要从如何有利于人的生存发展的角度去关注和解决环境资源问题。同时，可持续发展的最终目的是人的发展。离开了人的发展这一尺度，可持续发展就失去了基本的意义，也就无从确定可持续发展的目标、途径和措施，可持续发展就失去了本意。可持续发展在驾驭自然力的过程中，从人类的能力与个性的自由发展的需要出发，通过提高生产率，缩短生产劳动时间，为每个人的全面发展提供更多的自由时间。另外，人的发展又是可持续发展的手段和保障。因为人是社会发展的主体，是可持续发展任务的实际承担者和实践者，可持续发展要通过人的活动来实现。所以，人类社会可持续发展的成效如何，在很大程度上取决于人的发展和科学技术的发展状况，从根本上讲，人的发展是可持续发展的保障，也是社会发展的目的。只有社会可持续发展，人的发展才有可能；只有人全面发展，社会可持续发展才具有根本方向、价值标准和基本条件；只有当将人的全面发展作为一种价值原则来规约和引导社会的发展时，社会发展才有可能是持续不断的。可持续发展是为了进一步满足人们日益增长的物质和文化生活需要，提高人的素质，使人获得永续发展。

（二）可持续发展促成人类社会的生态文明

1. 生态文明与人的全面发展和人类解放的本质一致性

人类社会从原始采集、渔猎社会发展到农耕社会，再发展到工业社会，生产力取得了巨大发展，生活方式发生了根本性变革。但是，工业文明造成了人类和自然之间关系的全面紧张，也造成了人类自身发展中同代人之间和代际关系的全面紧张。人类的生存和发展受到了严重威胁和挑战，传统工业文明不可能长期延续下去。生态文明以可持续发展为准则。在生态文明的社会里，生产力是先进的、可持续发展的生产力，文化是先进的、可持续发展的文化，理论是先进的、可持续发展的理论，生产生活方式是先进的、可持续发展的生产生活方式，社会是先进的、可持续发展的和谐社会。生态文明是人类社会发展的历史必然，代表着未来。

马克思从现实的人的角度出发，通过对人的异化的深入剖析，揭露了资本主义制度的弊端，指出要消灭资本主义，建立一个以每个人的自由、平等和全面发展为基本原则的新社会，指明了实现人的自由全面发展的路径。马克思所说的三大社会形态实质上也就是人的发展的三个不同的历史阶段，即“人的依赖关系”“物的依赖关系”和“自由个性”。“自由个性”阶段就是共产主义社会形态中人的全面发展阶段。马克思认为，共产主义社会，社会生产力高度发达、人们工作时间极大缩短、自由时间大大增加、消灭了旧式的社会分工，不是物统治人，而是物为人的全面发展服务，人获得真正的发展；不是资本占有劳动，而是劳动占有资本，劳动者平等发展；不是机器支配人，而是人驾驭机器，人能获得自由发展。每个人自由发展是一切人自由发展的条件，每个人的充分发展是一切活动的目的和尺度。

在马克思“人的发展三阶段”理论中，马克思从人对自然的关系和人对社会的关系这样两个角度出发，解决人的解放和社会发展问题。在自然经济状态下，人类认识自然和改造自然的水平较低，对自然环境与社会环境的依赖性很强，独立意识淡化，从众心理强烈，把大自然当作自己的“衣食父母”“精神依托”和“崇拜对象”。在商品经济状态下，随着科学技术的不断进步，以物的依赖性为基础，人的独立性增强了，自我意识觉醒了，主体能力和主观能动性得到空前提高，人类在独立和解放的道路上前进了一大步。但是，在人与人之间、人与自然之间的关系上，人类被对自然资源贪婪占有的欲望和对物质利益永无止境的追求所统治，自然界成了人类征服、盘剥和掠夺的对象。商品拜物教、金钱拜物教、功利主义和享乐主义充满了人们的日常生产生活，导致了全球性的生态问题。到了共产主义阶段，人与人的矛盾、人与自然的矛盾得到了真正解决，人们既摆脱了自然界的奴役，从“必然王国”走向“自由王国”，又成了自己的社会关系的主人。人与自然之间的协调发展、人与人之间的和谐关系才可能真正确立。人的解放只有在现实的世界中并使用现实的手段才能真正实现。这种现实的手段可以通过生态文明建设和可持续发展行动，实现共产主义。

马克思主义的人的自由而全面发展的设想表明，人的自由全面发展是历史的必然产物，是一个逐步提高、永无止境的历史发展过程，是一个通过远大的价值目标不断规范人的行动方向，是一个通过不同发展阶段而逐步推进的历史发展过程。资本主义社会人与人、人与自然以及人自身各个方面之间的激烈冲突催生了马克思主义。马克思主义以实现共产主义为宗旨，促进生态文明与人的全面发展。

2. 目的与手段的辩证统一

在马克思、恩格斯那里，人与自然的真正和谐、人与人矛盾真正解决的共产主义社会的实现具有同步性。前者是生态文明的核心内容，后者是人类社会发展的最高阶段；前者是生态文明遵循自然规律而达到的理想境界，后者是可持续发展遵循社会规律而追求的社会目标。生态文明从社会文明角度描绘共产主义的文明特征，可持续发展从社会发展的最高阶段出发制定思想路线、行动纲领和战略选择。构建生态文明是手段，推动可持续发展是过程，最终实现人与自然、人与人和解的共产主义社会和人类解放是目的。它们相互促进、相互影响、相互依赖、辩证统一。

第二节　绿色经济与可持续发展

可持续发展是人类为了克服一系列环境、经济和社会问题，特别是全球性的环境污染和广泛的生态破坏，以及它们之间关系失衡所做出的理性选择。可持续发展关系人类的发展命运，是一个世界性课题，也是科学发展观的重要内容。实现可持续发展，需要对可持续发展问题进行深入研究和积极探索。

一、可持续发展理念是人类最富智慧的理性结晶

半个世纪以前，美国海洋生物学家蕾切尔·卡逊在《寂静的春天》中，为我们描绘了一幅可怕的场景："春天来了，唱歌的鸟儿却不见了踪影，路边的不知名的野花野草无精打采，家养的鸡有的不再生蛋，生出的蛋也孵不出小鸡，猪变得病恹恹的，小猪生病后几天就死去。本来应该是生机勃勃的春天变得异常的寂静，找不到生命萌动的气息。"[①] 卡逊在书中说道："现在我们正站在两条道路的交叉口上。我们长期以来一直行驶的这条使人容易错认为是一条舒适的、平坦的超级公路，实际上，在这条路的终点却有灾难等待着；另一条路，很少有人走过，但为我们提供了最后的机会——请保住我们的地球。"[②] 卡逊在这里呼吁，要认真审视

① 卡逊．寂静的春天[M]．恽如强，曹一林，译．北京：中国青年出版社，2015.
② 卡逊．寂静的春天[M]．恽如强，曹一林，译．北京：中国青年出版社，2015.

和反思工业化进程，要从大量施用农药、化肥的后果中想想人类生存和发展的前景。

（一）可持续发展理念的探索

在中国，可持续发展的理念可以说起源已久。从西周开始，中国古代的哲人志士就已经萌生了可持续发展的思想。为了避免生态资源发生代际供求矛盾，孔子提出“子钓而不纲，弋不射宿”[①]。荀子提出“草木繁华滋硕之时，则斧斤不入山林，不夭其生，不绝其长也”[②]。《礼记·月令》中说：孟春，草木萌动之时，牺牲毋用牝（母兽），禁止伐木，毋覆巢，毋杀孩虫。管仲指出：春政不禁则百长不生，夏政不禁则五谷不成[③]。《淮南子》一书中说：是故人君者，上因天时，下尽地财，……故先王之法，……不涸泽而渔，不焚林而猎。北齐贾思勰指出：丰林之下，必有仓廪之坻[④]。宋代朱熹提出“天人一理，天地万物一体”之说，确定了人与自然关系的基本内涵与原则，他指出，对自然资源的索取要“取之有时，用之有节”。[⑤]

中国古代的可持续性发展理念中蕴含着朴素的伦理道德观。儒家生态智慧的本质是“主客合一”，主张以仁爱之心对待自然，讲究天道人伦化和人伦天道化，体现了以人为本的价值取向和人文精神。道家的生态智慧则是一种自然主义的空灵智慧。道家提出“道法自然”，强调人要以尊重自然规律为最高准则，将崇尚自然、效法天地作为人生行为的基本皈依，强调人必须顺应自然，达到“天地与我并生，而万物与我为一”[⑥]的境界。佛家从善待万物的立场出发，把“勿杀生”奉为“五戒”之首，在人与自然的关系上表现出了慈悲为怀的生态伦理精神。在《周易》中用“自强不息”和“厚德载物”来表述中华文明精神，这与生态文明的内涵一致。可以看到，可持续性伦理道德观的核心就是尊重自然，把人类真正融入自然之中，把享受自然和生活的权利平等地分给当代人与后代人。

西方国家对于可持续发展的研究远远迟于中国，不过相对形成体系。自从18世纪工业革命在西方开展以来，一系列充满死亡气息的公害事件促使人类大反思：1930年比利时马斯河谷烟雾事件、1948年美国宾州多诺拉烟雾事件、1955年开

---

① 孔子．论语[M]．长沙：岳麓书社，2018．

② 荀子．荀子[M]．长春：北方妇女儿童出版社，2016．

③ 戴圣．礼记[M]．沈阳：万卷出版有限责任公司，2019．

④ 刘安．淮南子[M]．哈尔滨：北方文艺出版社，2016．

⑤ 周茶仙．朱熹经济伦理思想研究[M]．北京：光明日报出版社，2009．

⑥ 庄周．庄子[M]．长春：吉林文史出版社，2004．

始的日本富士山县骨痛病事件……这些动辄令人大面积患病甚至死亡的环境事件，成为“自然界的报复”，冲击着一味掠夺自然进而破坏环境的片面发展模式。[①] 历史把人类推到了必须从工业文明走向现代新文明的发展阶段。可持续发展思想在环境与发展理念的不断更新中逐步形成。

1．可持续发展思想萌芽时期

20 世纪 50 年代以来，在世界经济飞速发展的同时，人口剧增、资源消耗过度、环境恶化、生态破坏、贫富悬殊等问题越加凸显，迫使一些敏锐的思想家、理论家开始积极反思和总结传统经济发展模式不可克服的弊端，从而催生了可持续发展观。1962 年，一个振聋发聩的作品——《寂静的春天》登上美国畅销书的排行榜。在这本书中，美国生物学家蕾切尔・卡逊论述了杀虫剂、特别是滴滴涕对鸟类和生态环境造成的毁灭性危害，提出了“可持续性”概念。[②]

1968 年，“罗马俱乐部”成立。1972 年，这个组织发表了研究报告《增长的极限》。报告根据数学模型预言：在未来一个世纪中，人口和经济需求的增长，将导致地球资源耗竭、生态破坏和环境污染，除非人类自觉限制人口增长和工业发展，否则这一悲剧将无法避免。[③]

在这一时期，由于资源环境的压力尚未完全凸显，由个人或民间组织倡导的可持续发展的思想并未引起世界的广泛关注，人们对“可持续”的理念尚未熟悉，而可持续发展的先驱者也饱受社会各种声音的质疑。尽管如此，“可持续发展”的理念已经萌芽，发展必须顾及环境问题的思维开始逐渐进入全球政治、经济的议程。

2．可持续发展思想初步形成时期

随着环境的日益恶化和资源的加速枯竭，各国逐渐开始意识到保护资源环境和持续发展的重要性，在经过了“有机增长”“全面发展”“同步发展”“协调发展”等一系列概念观念的演变之后，联合国最终从民间环保机构手中接过了“可持续发展”的大旗。

1972 年，联合国人类环境会议召开，第一次将环境问题纳入世界各国政府和国际政治的事务议程。大会通过了《人类环境宣言》。这次大会唤起了各国政府对环境问题，特别是对环境污染问题的关注。

---

① 李文凯．半个世纪人类发展观大反省[R/OL].（2004—3—12）[2023—7—27].https：//finance.sina.com.cn/g/20040312/1111668430.shtml.

② 卡逊．寂静的春天[M]. 恽如强，曹一林，译．北京：中国青年出版社，2015.

③ 梅多斯，兰德斯，梅多斯．增长的极限[M]. 李涛，王智勇，译．北京：机械工业出版社，2013.

1987年，世界环境与发展委员会向联合国大会提交了《我们共同的未来》的研究报告。报告指出，过去我们关心的是经济发展对生态环境带来的影响，而现在我们正迫切地感到生态的压力对经济发展所带来的重大影响。报告在探讨了人类面临的一系列重大经济、社会和环境问题的基础上，提出了"可持续发展"的概念："既满足当代人的需求，又不对后代人满足其自身的需求能力构成危害的发展。"①

至此，"可持续发展"思想正式形成。世界各国政府、各个领域的团体组织及有识之士开始展开大量的研究和分析，探讨可持续发展的思路和方法。但是，这一时期的"可持续发展"理念还停留在理论研究的层面，尚未对世界各国产生实质性的约束力。

（二）可持续发展理念形成中呈现出四大特点

从人类对可持续发展的探索历程可以看到，这个过程呈现出了以下三个特点：

1．从个人的呐喊成为全人类的共识

可持续发展理念在形成过程中，从最初表现为个别学者对环境保护的呐喊。早期，很多学者关于可持续发展的论断和思想并没有被大多数人所接受。《寂静的春天》1962年在美国问世时，是一本很有争议的书，作者卡逊也遭到了各方的诋毁和攻击。但相关学者对资源合理使用、环境保护的呐喊，逐渐唤起了公众和政府机构对资源环境问题的关注，各种环境保护组织纷纷成立，环境保护问题提到了各国政府面前。自1987年世界环境与发展委员会提出可持续发展理论以来，实现可持续发展模式已成为全人类的共识，推进可持续发展逐渐成为全人类的共同责任。

在国际上，可持续发展作为未来人类共同发展的基础战略得到了普遍认同。国际为解决资源与环境问题的各种交流与合作也在日益加深。可持续发展日渐成为国际法的一项基本原则，并逐渐具有约束力。自20世纪末以来，美、德、英等发达国家与中国、巴西等发展中国家，都先后提出了自己的21世纪议程或行动纲领，不约而同地强调要在经济、社会与环境等方面协同共进。

2．从单纯道德出发到辩证双重认识

可持续发展观点的提出，最初单纯是从道德角度出发的。一些环保主义者尖锐地指出，随着工业化的突飞猛进，人们的生活条件遭到了极大的破坏，不仅如

① 世界环境与发展委员会．我们共同的未来[M]．国家环保局外事办公室，译．北京：世界知识出版社，1980．

此，掠夺性地开发现有的资源也是对后代人的不公平。按照目前的趋势继续发展，未来世界将更为拥挤，污染更加严重，贫富差距更大，人口增长将超过地球的承受能力。

在可持续发展理念的探索过程中，国际社会逐渐形成了乐观派和悲观派两个主要流派，他们对社会、经济与人口发展可持续都表达了高度关注。悲观主义者在提出经济增长是有限的同时，忽视了人类的主观能动性。而乐观主义者却过度沉浸在人类“征服”自然的喜悦之中，而忽视了与自然和谐共处的必要性。

随着对可持续发展理念的不断探索，人们逐渐意识到要辩证地看待人类社会的发展，坚持经济增长过程中无限与有限的统一。既要从悲观主义者的论断中看到人类发展面临的危险和挑战，也要从乐观主义者的论述中体会到信心；既要看到经济发展会对环境带来严重污染，也要看到经济发展对人类社会的重大作用；既要看到工业化过程中的贫富差距有扩大的趋势，也要看到工业化发展改变了人们的生活方式；既要看到资源在一定的科技条件下是有限的，也要看到科技条件的改善所带来的许多可再替代资源；既要看到人口过度发展使得地球资源加速消耗，也要看到人类本身的生存权利也是需要保证的。

3. 从单学科解读到多学科综合攻关

在可持续发展理念形成发展之初，学者多是从单一学科的角度来研究可持续发展问题。可持续发展概念最早源于生态学，生态学家在研究可再生资源最优存量的过程中提出了可持续产量的概念，随后可持续发展的概念不断深入和扩大。生态学家研究可持续发展，主要是以生态环境资源可持续发展为研究对象，将实现生态平衡作为基本研究内容，其着力点是将生态环境保护与经济发展是否平衡作为衡量可持续发展的重要指标和基本手段；经济学家研究可持续发展，重点则强调以经济可持续发展为研究对象，以区域开发、生产力布局、经济结构优化、资源供需平衡等区域可持续发展中的经济学问题为基本研究内容，其着力点是将“科技进步贡献率抵消和克服投资的边际效益递减率”作为衡量可持续发展的重要指标和基本手段；社会学家研究可持续发展，重点以社会可持续发展为研究对象，将人口增长与人口控制、消除贫困、社会发展、社会分配、利益均衡和科技进步等可持续发展中的社会问题作为基本研究内容，其着力点是追求经济效益与社会公正的平衡。①

① 张二勋，秦耀辰．可持续发展研究的多学科比较[J]. 广东经济管理学院学报，2004 (1)：12—16.

随着对可持续发展研究的不断深入，学者们逐渐发现可持续发展的系统性和复杂性绝非任何一个学科可以独立解决，需要多学科的合作，需要生态学、资源学、环境学、社会学、经济学等多学科的结合，才能全面理解可持续发展涉及的各个方面。

二、发展绿色经济是现阶段促进可持续发展的重要途径

在气候变化和自然资源日益稀缺的背景下，现行的经济发展模式遭到了质疑，发展绿色经济逐渐成为各国解决多重挑战的共识方案，并成为现阶段促进可持续发展的重要途径。2012 年联合国可持续发展大会将“可持续发展和消除贫穷背景下的绿色经济”确定为会议主题之一。这对于达成对绿色经济发展的共识，推进全球可持续发展进程，具有重要意义。那么绿色经济与可持续发展到底有什么联系呢？二者是一回事还是不尽相同呢？下面，本部分将论述一个理念：发展绿色经济是现阶段促进可持续发展的重要途径，必须在可持续发展框架下发展绿色经济。

（一）绿色经济与可持续发展的三大联系

进入 21 世纪以来，尤其是金融危机爆发后，联合国环境规划署适时提出了发展“绿色经济”的倡议，这一概念进入人们的视野。发达国家在绿色发展中强调减少碳排放，发展中国家则强调提高资源利用效率和解决环境污染，但各个国家都认同“绿色经济是可促成人类福祉增进和社会公平，同时显著降低环境风险与生态稀缺的经济”。绿色经济并不能替代可持续发展，它与可持续发展在加强环境保护、坚持以人为本及促进生态与经济的协调发展方面是一脉相承的。

1. 绿色经济与可持续发展都强调环境保护

不管是人口学家马尔萨斯的资源绝对稀缺论还是经济学家李嘉图的资源相对稀缺论，再到后来的穆勒“静态经济论”，都蕴含着环境保护、为子孙后代着想的理念，实质上都体现了可持续发展的思想。可持续发展要求人类改变对环境的态度，即从破坏环境、污染环境改变为保护环境，与环境和谐相处，以实现人类的永续发展。绿色经济作为一种现实的经济增长模式，以经济的增长无害于环境为指导思想，以维护人类生存环境和生态环境容量、资源承载能力为前提，以实现自然资源持续利用、生态环境持续改善为目标。因此，绿色经济与可持续发展在本质上都以环境保护为前提，具有内在统一性。

2. 绿色经济与可持续发展都坚持以人为本

可持续发展概念自提出以来就一直在演变。根据《我们共同的未来》中的定

义，“可持续发展的目的是既满足当代人的需要，又不对后代人满足其需求能力构成危害”。[①] 显然，这是一个以人为本的理念。发展绿色经济则是要扭转忽视资源环境问题而片面追求经济增长的褐色经济，其出发点也是在于消除贫穷、提高人民生活水平。当前，世界上仍有约10亿人口生活在贫困线以下，离实现千年发展目标还有很大差距。在国际金融危机爆发以后，以往的发展模式背离人民福祉的问题更为突出。为此，发展绿色经济、实行绿色新政成为各国共同的实践，可见，从以人为本这一宗旨来看，绿色经济与可持续发展是一脉相承的。

3. 绿色经济与可持续发展都体现生态与经济的协调发展

可持续发展的核心就是要处理好经济与生态之间的关系，促使其协调发展。1989年，世界银行提出人类发展最低安全标准，即社会使用可再生资源的速度，不得超过可再生资源的更新速度；社会使用不可再生资源的速度，不得超过作为其替代品的、可持续利用的可再生资源的开发速度；社会排放污染物的速度，不得超过环境对污染物的吸收能力。[②] 这三大标准正体现了生态与经济协调发展的核心。而绿色经济的提出，反映了人们对生态环境与生态资源的关注与保护，体现了以科技进步为手段实现人与自然、人与环境的和谐共处。绿色经济要求在生产、流通、消费等社会经济各个环节都是绿色且生态的，这需要通过大力推行清洁生产、循环经济来实现，以为后代人创造更好的生活环境和更高的发展平台。因此，从生态与经济协调发展这一核心来看，绿色经济与可持续发展具有内在一致性。

（二）绿色经济与可持续发展的区别

绿色经济与可持续发展产生的时代背景相差半个世纪，那如何来看待两者的关系，就是在充分肯定两者内在一致性的同时，也要看到两者存在着一定的区别。

在一定意义上可以说，可持续发展与绿色经济是理念与现实的关系。可持续发展是人类长期发展形成的理念，是人类一步步达成的共识，我们必须在这一理念之下发展绿色经济。而绿色经济是由于遇到了经济、能源、人口、粮食、金融危机等多重危机，人们为了解决这些现实问题而提出的方法，是为了解决阻碍可持续发展目标实现的具体手段，是区别于以往褐色经济即损耗式经济发展模式的

---

① 世界环境与发展委员会．我们共同的未来[M]．国家环保局外事办公室，译．北京：世界知识出版社，1980．

② 陈勇鸣．绿色经济与可持续发展[J]．上海企业，2001（9）：15—17．

一种新的发展模式。因此，我们必须坚持用可持续发展来指导绿色经济发展，又必须认识到发展绿色经济能推动可持续发展理念成为现实。

从时空观来看，我们认为可持续发展与绿色经济是长远与当前的关系。从当前来看，发展绿色经济可以迅速拉动就业、提振经济，还能调整产业结构；从长远来看，也会有利于经济可持续增长，可见推动绿色经济发展可以密切现在与未来的关系。为此，我们必须合理规划，构建绿色经济体系，促使人与自然和谐发展。只有当前推行绿色经济，才能实现可持续发展这一长远目标。

（三）发展绿色经济是迈向可持续发展的重要途径

绿色经济有利于实现可持续发展，而我们也必须在可持续发展框架下发展绿色经济。世界各国纷纷推出“绿色新政”，在可持续发展框架下制定绿色经济的发展战略政策和行动方法，发展绿色产业，引导绿色消费，力求在促进就业、加大环境保护、保障社会公平的同时，努力实现绿色低碳和社会的可持续发展。

1. 可持续发展指导绿色规划的制订

发展绿色经济不可能一蹴而就，要结合国家的国情，有步骤、有次序地推进绿色经济发展，构建经济政策体系。实施绿色经济是一个社会系统工程，涉及国家的产业、经济税收、金融、贸易及投资体制改革等各个方面。为了保护未来长期持续发展所需的资源和环境基础，国家应尽快在可持续发展框架下制定绿色发展战略，设计绿色经济推进路线图。

应当将可持续发展的思想纳入国家重大发展规划政策中。国家重大发展规划是经济社会发展的指南针。将绿色经济发展纳入国家重大发展规划中使其真正成为引领经济社会向可持续发展方向发展的指导思想。当前，发达国家和地区已经纷纷采取相应措施，如美国实施“气候友好型能源”，欧盟尝试将低碳经济作为“新的工业革命”，日本公布并实施了《绿色经济与社会变革》政策草案等。同时，一些新兴市场和发展中国家，如印度尼西亚、南非等国家也制订了相关绿色经济规划。就中国而言，今后我国也应当将气候变化等纳入国家重大发展规划中，采取鼓励措施重点发展再生资源回收利用和环保产业；鼓励企业实现规模经营，以最有效的方式利用资源，实现低投入、高产出；根据产业发展的目标，经济和科学技术的发展水平，制定有利于绿色经济发展的技术政策，鼓励绿色技术创新。与此同时，我国更加应当将可持续发展的思想贯彻到经济政策中。经济政策的实施是实现绿色经济的重要环节。当前，发展绿色经济，必须建立合理的价格体系，实施有效的财政税收政策，建立绿色投资的优惠机制，减少与可持续发展目标不相符的经济政策，使资源和商品的价格反映其真实价值。[①]

2. 可持续发展理念推进绿色产业的发展

简单回顾一下，联合国教科文组织提出“绿色”就意味着自然的、无污染的状态。而各国“绿色计划”的实施促进了“绿色理念”的形成与发展，进而直接促进了绿色产业在发达国家的兴起。发达国家20世纪80年代以来的技术进步与90年代以来的产业结构调整，正说明了绿色产业的重要作用。

所谓绿色产业是以可持续发展为宗旨，坚持环境经济和社会协调发展，生产少污染甚至无污染的、有益于人类健康的清洁产品，达到生态和经济两个系统的良性循环和经济效益、生态效益、社会效益相统一的产业模式。绿色产业关键要以绿色技术为保障，以实现整个产业链的绿色化为基础，只有这样才能真正实现绿色产业发展，促进绿色经济和可持续发展。

实现绿色发展、推进绿色产业发展的本质是对传统发展模式的变革与创新，其中绿色技术创新是绿色产业发展的核心与关键。可持续发展理念讲究持续发展，有效率的发展，而绿色技术创新可以提高资源利用效率，是解决经济与环境问题的关键。英国、美国等发达国家在碳捕获、清洁煤、智能电网、低碳汽车等绿色技术上一直保持领先优势，促进了绿色产业发展，也促进了国家经济的腾飞。近年来，我国的环保技术已经得到迅速应用，在防治污染、回收资源、节约能源等方面形成了新兴市场，极大地推动了绿色产业的发展，成为促进绿色经济发展的新动力。

发展绿色产业关键还在于产业链的整体绿色化。绿色产业是一条完整的产业链，包括产品设计的观念、生产开发的过程、产品的绿色包装、产品的绿色分销和树立产品的绿色品牌等，因此，要想实现绿色产业的发展，这一整个产业链都应该绿色化。具体而言，在绿色产业的开发过程中，企业应转变传统的设计观念，以生态需要为导向，掌握绿色产品的技术、安全卫生、环境标准及生产经营管理方面的规定，实现绿色生产，大力开发绿色产品；在绿色生产方面，应尽量避免使用有害原料，减少生产过程中的材料和能源浪费，提高资源的利用率，减少废弃物排放量，并加强废弃物处理工作等。只有这样才能树立起企业及产品的绿色形象，扩大知名度，创造绿色品牌，推进绿色产业的发展，实现可持续发展。

① 吴玉萍，董锁成，徐民英．面向21世纪可持续发展的世界经济动向：绿色经济[J]．中国生态农业学报，2002（2）：5-7.

3. 可持续发展理念促进绿色消费意识

诺贝尔奖获得者约瑟夫·斯蒂格利茨指出，向绿色经济转变以实现可持续发展要求一种新的经济模式出现，这种新的经济模式就是发生改变的消费模式，即绿色消费。[①] 绿色消费是指提供服务及相关的产品以满足人类的基本需求，提高生活质量，同时使自然资源和有毒材料的使用量减少，使服务或产品的生命周期中所产生的废物和污染物最少，从而不危及后代的需求。[②] 绿色消费是带有环境意识的消费活动，它可以有效遏制过度消费行为的滋生蔓延，对保护环境、实现资源的有效利用起着不可替代的“源头削减”作用，是可持续发展在消费领域的实现形式和内在动力。

在绿色消费的理念中，我们认为绿色消费体现了人与自然相互协调的关系。倡导绿色消费，培育绿色消费模式是世界各国发展的必然趋势。绿色消费模式是相对于社会消费模式而言的一种可持续发展模式。首先，绿色消费理论改变了人类中心论，重新确立人与自然的关系，是一种人与自然相互协调的消费观。绿色消费不仅可以满足我们这一代人的消费需求和安全、健康，还可以满足子孙万代的消费需求和安全、健康，促进整个地球的生态系统的平衡，进而达到生态环境与经济社会的可持续发展。其次，从本质上来讲，绿色消费倡导的是适度消费和生态消费，体现了可持续发展中的人与自然和谐共处的原则，使得人们的消费行为与社会经济和生产力发展状况相适应，顺应了社会经济与自然环境协调发展这一趋势，使人类在享受高品质物质生活的同时，发展了道德与审美，符合人的全面发展的需要。

另外，绿色消费以循环经济为思想基础。循环经济是可持续发展框架中重要的内容之一。循环经济是一种与环境和谐的经济发展模式，其特征是低开采、高利用、低排放。所有的物质和能源要在这个不断进行的经济循环中得到合理和持久的利用，以把经济活动对自然环境的影响降低到尽可能小的程度。绿色消费是低排放的重要表现，消费作为再生产过程的终点，引导着生产的方向。因此，这一理念要求人们的消费活动是带有环境意识的消费活动，体现了人类崭新的道德观、价值观和人生观，体现了循环经济和可持续发展的思想基础。在这种理念引导下，人们将不再以大量消耗资源、能源求得生活上的舒适为目标，而是将生活

---

① 中国科学院可持续发展战略研究组 .2012 中国可持续发展战略报告：全球视野下的中国可持续发展[M]. 北京：科学出版社，2012.

② 董淑芬 . 培育我国绿色消费模式的对策与建议[J]. 生态经济（学术版），2009（1）：187—190.

简单化，自觉选择“绿色产品”，最大限度地节约资源，这正是可持续发展所要求的。由此可见，绿色消费是可持续发展在消费领域的内在要求，是可持续发展的重要内容。

三、中国发展绿色经济是全人类可持续发展重要组成部分

在全球资源环境挑战日益增多的新形势下，绿色经济逐渐成为世界各国促进可持续发展的新举措。作为世界上最大的发展中国家，早在1996年中国政府就实行可持续发展战略。经过20多年的艰辛探索，通过实施经济结构战略调整、走新型工业化道路、构建资源节约环境友好型社会等战略举措，中国在可持续发展道路上取得了显著成就。未来，中国将继续推进绿色经济发展，提升绿色技术研发和利用水平，以更加开放的态度，加强国际交流合作，共同致力于全人类的可持续发展。

（一）中国的整体实力对世界可持续发展具有重大影响

伴随着经济的快速发展，目前中国已成为世界第二大经济体和最大的能源消耗国之一，并且经济规模和能源消耗仍将持续增长，对资源的需求和环境的压力也将随之加大。以人为本是可持续发展的最基本内容，在人口众多的中国坚持不懈地发展绿色经济有利于全世界可持续发展。

1. 人口众多对实现可持续发展具有双重意义

中国是一个拥有14多亿人口的大国，占世界人口的五分之一。因此，中国的经济发展、能源需求都对世界产生重要的影响。我国存在着人均消耗少，总量消耗大的特点。基于这样的国情，人口众多对促进可持续发展的影响将会是双重的。一方面，如果不能控制人口的规模，或者控制每个人消耗的能源额度，那么加起来将是一个庞大的数字，不利于可持续发展的实现；另一方面，如果能在满足人口对资源能源和环境基本需求的基础上，实现消耗总量的下降，将有利于全人类资源和环境的可持续发展。因此，中国应当肩负起这个重责，为实现全人类可持续发展作出自己的贡献。

2. 经济规模巨大对实现可持续发展具有重要意义

改革开放40多年来，中国经济长期快速增长，目前国内生产总值已经超过日本。随着经济规模的不断扩大，中国各产业对资源、能源和环境等因素的需求持续上升，因此，改变长期以来的粗放型经济增长方式对节约资源、实现可持续发展具有重要意义。当前，中国政府、行业组织和企业都已深刻认识到必须大力

发展绿色经济，加大对绿色产业的投入和支持力度，在资源和环境承载的范围内进行生产活动，提高资源和能源利用效率。可以预见，作为经济规模较大的国家，中国实现经济增长方式转变、推进绿色经济发展，将对全世界可持续发展产生直接推动作用。

（二）中国的绿色消费将助力全人类可持续发展

国内消费需求对保持经济稳定增长具有重要意义，绿色消费理念的普及化，绿色消费实践的全面实行，将对中国甚至全人类的可持续发展形成巨大拉力。

1. 中国绿色消费理念广泛传播有助于全世界资源节约

绿色消费作为一种全新的消费理念，正在中国迅速发展。为减少资源浪费，减轻环境压力，中国政府出台了一系列绿色消费政策，如2011年年底结束的家电以旧换新政策，淘汰了大量高能耗的家电设备；“限塑令”通过对一次性塑料袋收费，减少了白色污染；社会公益组织大力宣传绿色消费理念，通过各种广告宣传方式，号召不食用野生动物，提倡使用多次性餐具；绿色行业协会积极推广绿色食品标识，绿色能效表示等。就普通大众而言，对绿色消费的认识越来越广泛，垃圾分类处理的做法被越来越多家庭采用，夏天空调温度不低于26℃的倡议被广泛采纳，“地球熄灯一小时”活动越来越受到关注。总之，在消费支出巨大的中国提倡绿色消费，会大大减少资源和能源利用，将大大节约世界资源。

2. 中国扩大绿色内需有利于促进全世界可持续发展

可持续发展的实现要求我国经济结构进行调整和变革，而扩大国内消费需求有助于经济结构的变革。在2022年召开的中央经济工作会议上，习近平总书记指出：“总需求不足是当前经济运行面临的突出矛盾。必须大力实施扩大内需战略，采取更加有力的措施，使社会再生产实现良性循环。”[①] 在党的二十大报告中，习近平总书记提出：“完善支持绿色发展的财税、金融、投资、价格政策和标准体系，发展绿色低碳产业，健全资源环境要素市场化配置体系，加快节能降碳先进技术研发和推广应用，倡导绿色消费，推动形成绿色低碳的生产方式和生活方式。”[②]

---

① 新华社．中央财办有关负责同志就中央经济工作会议精神和当前经济热点问题作深入解读[EB/OL]．(2022-12-19) [2023-05-20].https://www.gov.cn/xinwen/2022-12/19/content_5732626.htm?eqid=d734488c000265a800000003647544ae.

② 习近平．高举中国特色社会主义伟大旗帜　为全面建设社会主义现代化国家而团结奋斗——在中国共产党第二十次全国代表大会上的报告[EB/OL]．(2022-10-16) [2023-05-20].https://slt.nmg.gov.cn/sldt/slyw/202210/t20221026_2157459.html.

中国绿色消费将促进资源循环高效利用，从而引起国内产业向绿色可持续发展方向转变，产生新的经济增长点。同时，国内需求的扩大还将对国外商品进口产生拉动作用，进而影响国际生产领域的绿色化。因此，中国绿色内需的扩大不仅可以成为拉动国内经济持续增长的主要动力，还将成为促进全人类绿色可持续发展的重要力量。

（三）中国绿色产业有望成为人类可持续发展的领军者

中国一直坚持“科技兴国”战略，坚持以科技推动产业结构优化升级。当前，我国大力发展新能源、高技术产业，取得了跨越式发展，在多个领域进入了全球领先地位。随着中国绿色经济的进一步发展，将会有更多的绿色产业有望成为全人类可持续发展的领军者。

1. 中国绿色产业加快发展，对国外形成辐射作用

进入21世纪以来，全球环境与气候变化问题日益成为各种组织和机构关注的焦点，中国顺应形势，通过对传统产业地改造，发展绿色农业和生态庄园；通过废物循环利用，采用清洁生产手段，培育新兴产业，构建绿色工业体系；重点发展现代物流业、金融服务业，全力做大绿色服务业；以节能减排、促进资源高效利用为重点，加大节能环保监管力度，构建了一批绿色产业体系，形成了一批有规模的自主品牌绿色企业。科技创新是绿色产业发展的重要支撑，中国积极推进绿色科技创新并取得了显著成果，通过企业“走出去”战略，绿色产业逐渐向发展中国家及整个国外市场扩散。这将会对全球尤其是广大发展中国家形成有效的科技创新辐射。

2. 中国人力资本雄厚绿色就业潜力巨大

在人口众多的中国普及教育的直接效果，就是雄厚的人力资源积累。人在为人创造就业机会，众多的人为更为众多的人创造就业机会。进一步我们看到，绿色就业将是就业机会中的一个新营盘。根据国际环保组织绿色和平与欧洲可再生能源理事会共同发布的《拯救气候：创造绿色就业机会》报告指出，如果哥本哈根气候大会能达成切实有效的协议，并大力投资绿色能源产业，到2030年，可再生能源行业将提供690万个就业岗位，节能行业则提供另外110万个就业岗位。可以预见，我国大力发展绿色产业，通过实施节能减排政策及太阳能、生物燃料、风电、水电等清洁能源的发展政策，将调整就业结构，带来大量的就业机会，实现失业人口的转移，缓解因人口增长带来的就业压力问题。

3. 新能源产业将成为中国引领世界经济可持续发展的前沿

新能源产业领域是未来世界各国竞相争夺的战略要地，西方发达国家不断加大对新能源技术的投入，从政策和资金方面向绿色清洁能源领域倾斜，推动国内技术和标准向国外转移。在社会各界高度重视下，中国在新能源技术领域也取得了长足发展，同时中国还是世界上最大的光伏发电组件制造国。此外，中国政府和企业，不断通过对外投资与合作，推动新能源技术“走出去”，将中国自身调整经济结构、转变发展方式的重大成果分享于全世界，既是国内实现可持续发展的战略举措，也是对全球发展绿色经济、应对气候变化的积极贡献。

（四）中国国际化程度提升有利于促进全人类可持续发展

中国积极参与国际谈判和合作，努力推动绿色、低碳经济成为全球实现可持续发展的重点议题，并完善国内政策，与国际绿色发展规则相协调。

1. 中国积极参与国际规则制定，加强政策协调

面对气候变化的严峻挑战，中国政府积极参与国际气候规则制定的谈判，主张在“巴厘路线图”授权下，加强《联合国气候变化框架公约》（以下简称《气候公约》）及《京都议定书》的有效实施。中国将严格按照“巴厘路线图”的要求，从中国实际和战略目标出发，稳步推进绿色经济发展，分阶段稳步推进绿色发展能力建设和承担国际义务。作为世贸组织（WTO）成员方，中国主张在世贸组织框架下通过多边双边磋商机制，有效减少绿色贸易壁垒，解除对绿色技术的封锁，使绿色经济的成果被全人类共享。

2. 向发展中国家提供绿色投资和援助

近年来，对发展中国家的绿色投资和援助已成为中国对外援助的一个新领域。中国政府在互相尊重主权和领土完整、互不侵犯、互不干涉内政、平等互利、和平共处等原则下，根据受援国的差别化需求，重点在生态农业、新能源、清洁能源和技术合作等领域提供大量援助，积极通过对发展中国家的新能源技术转移和人才培养，促使广大发展中国家提升自身可持续发展能力，为实现全人类的可持续发展提供力所能及的帮助。此外，通过对发展中国家技能环保产业、新能源技术、基础设施等方面的投资，开展南南合作，大大加强了发展中国家的沟通和交流，在国际环境气候问题上达成了广泛共识，为发展中国家在国际规则制定谈判中争取有利地位付出了艰辛努力，为公平、公正、有效的国际规则制定做出了重要贡献。

第三节　绿色大学与可持续发展

一、让绿色生长：大学的重新定向和积极变革

可持续发展并非钻研高深学问的大学提出来的，而是政治家提出来的。与其说它是一个科学概念，不如说它是一个政治口号。但是，可持续发展从学术界获得的支持也是空前的。可持续发展首先取得了政治家的认同，反过来又引起了科学家的研究兴趣。在其科学意义未完全澄清之时，可持续发展就走上了全球实践的舞台。21 世纪必将成为可持续发展的重要时代，这就促使置身于这种实践的所有机构、团体、个人不得不面对可持续发展的挑战，大学亦莫能除外。可持续发展理论要调整的是生态、经济、社会三者的关系，因此它的最大挑战就是，每一个机构、团体、个人的行为必须同时考虑对这三者的影响，保证不损害任何一方的利益。

可持续发展对大学的要求可以列出多条，但最为核心的是可持续发展的教育观。教育是可持续发展的重要组成部分，也是可持续发展必不可少的手段。各国及各种国际组织几乎都认识到，实施可持续发展，意味着一场深刻的变革，是世界观、价值观、道德观的变革，是人类行为方式的变革，是人类对于环境、经济、社会三者关系处理方法的变革。公众是否认识、愿意接受并积极参与这场变革，这是实施变革的必要条件。而公众是否愿意参与、能否参与、参与的程度等都与教育密切相关。教育活动是可持续发展从概念到行动的关键，是人类不断地从认识到参与的发展历程中的中介环节。《21 世纪议程》指出，应当确认，教育（包括正规教育）、公众认识和培训是使人类和社会能够充分发挥潜力的途径。教育是促进可持续发展和提高人们解决环境与发展问题的能力的关键。教育不仅可以使可持续发展思想永续流传下去，而且能使当代人尤其是正在成长中的群体认识到可持续发展的重要意义，从而使其在今后的社会实践中成为可持续发展的参与者、维护者。大学作为“传承文化，服务人类”的重要堡垒，必须承担教育对可持续发展的责任。

可持续发展的教育观为高等教育的存在和改革提供了有力的理据。“可持续发展的中心是人”“人的素质问题是可持续发展的重要问题”。可持续发展是以人为本的新的教育价值观、教育发展观和教育质量观，是 21 世纪高等教育理念的提升。树立可持续发展观，必须按照其理念，确立以人为本的思想，重视人的价

值和人的要求，促进人的全面发展。目前在对高等教育改革的讨论中，大学素质教育、人文精神培养、创新能力、个性发展等话题成为热点，许多人认为这些是21世纪大学发展的方向，而这些恰恰反映了可持续发展对大学教育的要求。

从另一个角度看，大学对传统发展观的形成和传承有不可推卸的责任。传统的发展观认为，物质财富的无限增长是社会进步的唯一标志，而且这种增长所依赖的资源在数量上是不会枯竭的，即使由于短时期内资源的供给小于资源的需求，但在市场机制的作用下，这种短缺也会得到补充。因此，在这样的发展观指导下的经济活动往往是滥用环境资源，过度地消耗自然资源，经济活动产生的非自然废弃物任意排入环境，造成原生环境的严重破坏。在这种发展观指导下的发展模式被称为“不可持续的发展”。不可持续的发展模式延续了数百年，在这数百年中，大学也通过教学、科研和社会服务功能，在复制、传播、深化这一发展模式。在新的进步的发展观出现之后，大学自然应当承担起“国家最进步力量的先驱”的作用，推动新的发展观的完善、发展、普及、传承。

新的发展观要求新的经济形态。自从国际经济合作与发展组织1996年发表了题为《以知识为基础的经济》的报告书之后，知识经济便成了世界性的热门话题。知识经济以知识智力资源为第一生产要素，以高技术产业为第一产业支柱，以知识创新和技术创新为基本要求和内在动力，是一种崭新的经济形态。尽管知识、信息等人造资本并不能完全取代自然资本，即使能够取代，其相互替代的机制和比率还存在着争论，但已经形成共识的是，知识经济是一种可持续发展的经济形态，知识经济的要求反映了可持续发展的要求。

知识经济的各个环节在一定意义上都与大学有密切的联系，是以大学为依托的。知识何以产生？知识何以传播、扩散？知识何以运用于生产过程？知识何以成为解决各个问题的措施？诸如此类的问题的出现，将大学卷入了知识经济的漩涡。从来没有一种经济形态像知识经济这样与大学联系如此密切，需要大学的强有力支撑，从来没有一种经济形态如此强烈的要求大学给予其发展的动力，要求大学参与其中。就此来看，知识经济实际上为大学提供了新的契机，它使得大学面临前所未有的挑战，并迫切地要求大学作出必要的应答。在知识经济时代，大学由通过培养人才间接为经济和社会服务的“服务站”逐渐转变为直接推动经济发展的“发动机”，通过拥有和生产知识及智力资本直接影响经济发展。大学与经济的关系更加直接，更加紧密了。

更进一步说，可持续发展的实现由于知识经济与大学的紧密关系，也越发地离不开大学。近代以来，高等教育已经从社会的边缘走向社会的中心，大学在国家、社会生活中起着越来越重要的作用，这为可持续发展的实现提供了一个重要条件。

大学理念与可持续发展思想也有诸多契合之处。二者都具有强烈的批判性。可持续发展来源于环境保护运动，环境保护自产生之日起就具有鲜明的批判特征。从环境保护运动转向可持续发展之后，这种批判性不仅没有削弱，反而进一步成为核心理念。这种批判性使得可持续发展能够以理性的目光看待人类产生以来的增长历史，看待人类现今文明的性质，让可持续发展具有革命的力量。当然批判不是简单的否定，而是一种扬弃，是在继承中发展的否定。也许这种批判更接近“价值中立”——无涉的只是研究者的个人价值，而不是群体、社会乃至全人类的价值。而大学从本质上来讲就是批判性的，这使得大学与可持续发展具有天然的亲和力。同时，可持续发展的批判性，也需要大学来给予保证，只有在大学里，可持续发展的批判才能具有合法性。

大学理念中与可持续发展相关的还有民主管理。大学从其基本性质上讲，是社会中最民主的机构，这是大学学术自由和学术自治的传统所决定的。而可持续发展亦具有广泛的民主特点。可持续发展是人民性最强、最需要民主参与的伟大事业。可持续发展的文化在管理上强调团队精神、博爱精神、民主精神，这些又恰恰是大学所主张的，而且大学为这些精神提供了最好的发展空间。

大学不仅要适应可持续发展的要求，同时大学对可持续发展的实现也具有重要意义。可持续发展极其重视参与问题。一方面，如前文所述，教育是从观念到行动的桥梁，是实现公众参与的必要条件，大学在其中扮演着重要的角色。另一方面，可持续发展的参与决不仅限于政府和大众层面，大学理所当然地应当参与其中，扮演积极的角色。一场可持续的革命要求每个人作为某个层次上的一个学习的领导，他们可以是小到家庭、社区，大到国家、世界。

因为大学在社会中的地位十分重要，大学体现可持续观念的程度、对可持续发展的认识程度，直接影响社会的可持续发展能力。大学需要承担推进社会可持续发展的责任，将推动可持续发展作为自己的使命。引导社会向前发展是大学需要完成的使命。大学是人类有史以来最能促进社会变革的机构，具有塑造社会的能力，是检验许多较为重要的社会生活的基本原理的场所。

大学与社会的相通一直是大学存在和发展的重要条件。大学是社会最敏锐的触角，它能第一时间触摸到社会的脉搏，感觉到社会的呼吸。历史证明，脱离社会的大学教育是不存在的。近代以来，随着高等教育走出“象牙塔”，大学在国家、社会生活中越来越扮演着中心的角色。国家、社会对大学不可能放任自流，也不可能把它完全交给学者，必然会对大学提出各种要求。若大学不能满足这些要求，其社会价值就会进一步下降。面对可持续发展这样的社会挑战和思想革命，大学必然要做出回应，采取行动。大学需要发挥其社会灯塔的作用，引领社会走向可持续发展。

二、绿色大学：转变的现实与现实的转变

尽管可持续发展思想尚不能成为大学的基本哲学，但是，它仍然具有规范、引导大学行动的意义。如果可以把大学哲学划分为精神、理念、使命三个相互联系的层面的话，推动社会的可持续发展显然是当代大学的重要使命。正是基于这样的认识，全世界的大学才会采取各种各样的行动，产生绿色大学的实践。

大学推动可持续发展的行动是多种多样的，如行政管理、校园规划、校园运营、社区服务、采购、交通、建筑、教学、研究等，都可以成为大学参与可持续发展的渠道。通常，大学集中于某个方面来开展活动。

其实，大学行动的意义远远超越了具体的行动。大学通过这些现实的行动，是在向社会发出强有力的信号，指出社会应当行进的方向。大学通过这些行动，反映了大学对世界的批判和反思，并且使人更聪明，更明智，更深思慎行，更有德性，更负责任，更有批判性，并且能够终身学习。大学正是以这种方式履行它对社会的责任。

作为前面所论述的所有问题的一个总结，也许可以在这里提出绿色大学的一个三维模式，它包含大学的行动、可持续发展要素和组织层面三个方向。这三个方向构成了绿色大学的整体，见图 4-3-1。

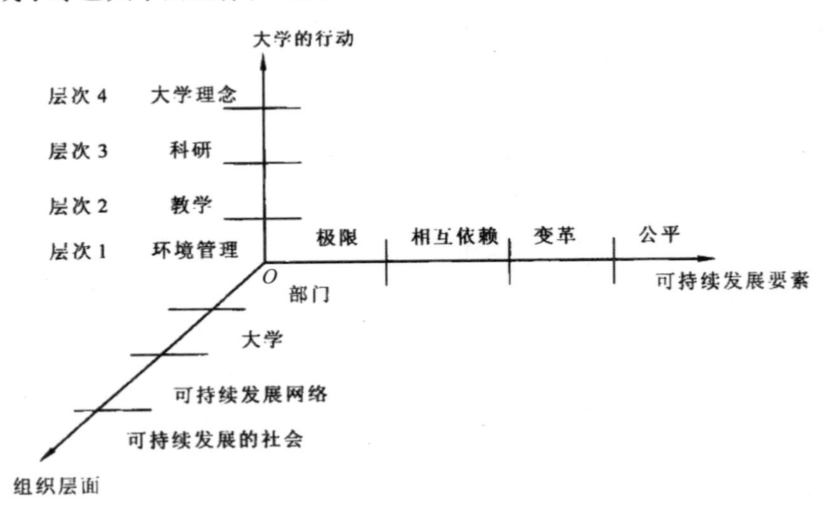

图 4-3-1　绿色大学模式图

在大学参与可持续发展的活动中，最基本的层面就是考虑大学的运营和管理。大学是各种资源和能源的使用者和消费者，还需要各种各样的上游和下游的服务商为其提供服务。这里的措施可以包括诸如节约能源、回收垃圾、实施环境评价和管理等。这些是第一层次的活动。

大学在第二层次中开始把注意力转向它的核心——教学。教学的目的是培养“地球公民”发展其真正的智慧。在这一层次，可以考虑综合课程、本土知识和回归自然的措施。

第三层次与大学的科研有关。在这里，大学开始反思它的研究目的、研究内容和研究范式，实践有利于可持续发展的科研活动，并以此来促进社会的进步。这一层次的活动可以与层次 1 和层次 2 结合起来，将大学的运营管理作为教育和研究的一部分，而教育和研究也相互促进。

在第四层次中，大学开始把可持续发展的理念纳入它的目标和方针，并且依据可持续发展的要求制定大学的政策。大学通过改革和制定政策，为自身的可持续发展行动提供了制度保障。在这一层次，大学还应当考虑让大学以外的专家、社区和非政府组织参与其活动。在建立有力的机制保证可持续发展的行动，并且员工和学生积极参与的情况下，大学就应当（不是不情愿地）重新制订远景规划，体现可持续发展的观念。无论在大学内部还是在大学所在的社会当中，这样做会有效地树立大学的可持续发展形象，让大学在社会中扮演一个真正的先行者角色。这是大学可持续发展行动的顶峰。

第一层次通过一个有效的环境管理系统就可以履行大学的承诺。但是，实施环境管理和把环境意识纳入大学的现有理念或把可持续发展当作大学的新理念来建设大学有着本质的区别。如果要把可持续发展的观念当成一个中心命题融入大学的研究、教学和管理中，那么仅仅采取环境管理的行动是不够的。基于此，大学可以采取以下四种方法对可持续发展的挑战做出回应。

①管理的方法，通过这种方法，大学致力于降低自身对环境的影响，至少不会成为可持续发展的自然基础的破坏者。

②教育的方法，通过这种方法，大学可以让人和学科对可持续发展的挑战作出最积极、最适当的回应。

③研究的方法，通过这种方法，大学可以改变人对世界、对科学的看法，并且为建设可持续发展提供有力的工具。

④文化的方法，通过这种方法，大学开始把可持续发展纳入大学生活的方方面面，并且建立起一种全新的组织文化，最终推进全社会的可持续发展。

这四种方法既相互区别又相互联系。其中，教育的方法应当是大学的核心，也只有将教育的方法作为核心，才能真正把四种方法有机地、完整地结合在一起，让大学成为“绿色大学”，成为可持续发展的保护者、推动者、实践者。

大学是“高深知识的看护人”，正如它的名字那样，它是宏大的、宽容的、神秘的，又是无所不包的。大学应当引导社会进步和发展；大学要面向未来，成为思想观念、道德伦理、行为方式、科学技术的策源地；大学文化应当是前置文化，它摒弃平庸，引领大众；大学既面对现实、服务现实而又超越现实、牵引现实；大学，就是批判和改造！

借助 20 世纪的余光，人们已经看到，传统的科学给世界上的人类带来巨大发展成就，也给人们带来了一个不可持续的世界，人类正在走向一场不知所终的危机。谁能挽救人类，最终走向可持续发展的光明未来？人们可以借用李普曼的话，“我们必须求助于大学而不是教会甚至政府，因为我们个人或社会行为的成功最终都建立在我们对自然、宇宙的认识之上，建立在我们对历史长河中的人类的命运的真实信念之上，建立在关于善与恶及如何区分善恶、关于真理及区别真理与谬误的认识之上”。①

---

① 吴文俊．高等教育制度经济学分析[M]．芜湖：安徽师范大学出版社，2011．

第五章　生态文明与绿色发展的一体化实践

生态文明与绿色发展一体化是指在经济、社会和环境三个方面的发展相互融合、相互促进的一种发展理念和模式。它强调生态环境保护与经济社会发展的协调，注重资源的节约利用和环境的可持续性，追求人与自然的和谐共生。在实践中，生态文明与绿色发展一体化意味着以下几个方面的含义：①生态保护与修复，积极保护自然生态系统，促进生态系统的恢复和修复，保护濒危物种和生物多样性，提高生态系统的稳定性和适应性。②绿色低碳发展，减少对生态环境的负面影响，推动资源的节约和高效利用，发展低碳经济，减缓气候变化并适应气候变化。③循环经济，倡导资源的循环利用，减少废弃物和污染物的排放，加强废弃物的分类回收和再利用，实现经济的可持续发展。④绿色产业发展，推动绿色技术和清洁能源的研发和应用，促进绿色产业的发展，提供绿色就业机会，推动经济的绿色转型。⑤社会公平与包容，关注社会公平与公正，提高人们生活质量和福利水平，实现资源的公平分配，促进社会的和谐和稳定。

生态文明与绿色发展一体化旨在实现人与自然的和谐共生，实现经济、社会和环境的可持续发展。它是针对当前环境问题和可持续发展挑战的一种综合性解决方案。

本章主要为生态文明与绿色发展的一体化实践，将从城市的低碳发展与治理、国家公园的试点区建立两个方面进行论述。

第一节　城市的低碳发展与治理

实现生态文明与绿色发展一体化的实践中，城市的低碳发展与治理十分关键。生态文明与绿色发展一体化的意义在于推动绿色发展，促进人与自然和谐共生，实现经济的高质量发展。城市是经济发展的核心区域，人口密集，资源消耗巨大。城市的低碳发展与治理有助于减少碳排放和污染物排放，节约能源和资源，保护生态环境，改善人民生活质量。

一、低碳发展是高质量发展的重要组成部分

当前人类一方面享受着物质财富积累的福祉，一方面面临着人口、资源和环境的问题。大气中的二氧化碳浓度和全球气温呈现出明显的相关性，“温室效应”导致全球气候变化，同时，其潜在的风险和危害已经得到了国际社会的广泛认同，成为当今国际社会的焦点议题。人类对化石能源的过度使用，加快了地球表面升温的过程，导致了全球气候更加显著的变化。联合国政府间气候变化专门委员会(Intergovernmental Panel on Climate Change，以下简称IPCC）第六次报告比之前五次报告更加肯定地指出了温室气体排放及其他人为的驱动因子已经成为20世纪中期以来气候变暖的主要原因，持续的排放温室气体会导致气候系统进一步变暖并发生持久的变化，对自然生态系统和人类社会产生更加深刻的影响。单纯的适应远不能应对气候变化，大幅度减少温室气体的排放是控制气候变化风险的核心。IPCC早期报告指出，地球生态警戒线是大气中的二氧化碳浓度达到450ppm，地表温度上升2℃。大幅度的减排是将升温限制在2℃所必需的，现今来看实现这一目标的机会大于66%。然而如果将减缓拖延至2030年，人类将付出更多的经济、社会等代价。而IPCC近期的报告中提出了更为严苛的将全球升温控制在1.5℃的目标。

我国面临着经济发展和环境资源可持续发展的矛盾，对气候变化的认知也逐渐清晰。气候变化为我国带来了环境问题，造成了冰川融化同时，冰川融化又对农业产生了一定影响，造成了一定的农业经济损失。从1997年的《京都议定书》、2007年的“巴厘岛路线图”到2009年的40%～45%的二氧化碳减排承诺，再到力争2030年前实现碳达峰、2060年前实现碳中和，这一过程，体现了我国政府对温室气体控制和缓解气候变化所做的一系列的努力。

我国当前的经济依然是资本和能源密集化的发展模式。国际上，我国要面临日益增大的国际社会的压力，而国内要求经济发展，要求提高人民生活水平，缩小贫富差距。在快速度、大规模的城镇化、工业化和机动化过程中，除去能源消耗的刚性需求，也包含了不正常的能源浪费现象等。这些内外的压力，使我国政府和社会逐渐认识到了国家和地方层面上低碳经济发展的重要性。

在中国，城市人口贡献了75%的一次性能源需求，产生85%的二氧化碳排放量，地级以上城市二氧化碳排放量占总排放量的58.84%。低碳城市已成为现代城市适应气候变化的重要理念与行动方案，特别是中国作为后发国家，需要在城市化进程中把握低碳发展机遇，避免重复发达国家高碳发展模式，探索城市可持续发展战略，提升城市竞争力，实现全面、协调和持续发展。

城镇化表现为低密度扩张，也成为碳排放量增长的一个原因。低密度扩张是城市发展空间规划不合理的结果，并由此带来城市的高碳发展。由于城市的无序扩张或“摊大饼”模式扩展了城市内部的物理距离，增大了交通需求，进而带来更多的碳排放量。依照我国目前的城镇化发展速度及未来的发展趋势，低密度扩张的趋势如果得不到转变，我国碳减排的目标难以实现。

党的十九大明确提出我国经济已由高速增长阶段转向高质量发展阶段。高质量发展意味着绿色低碳、资源节约、可持续发展。从更长远的目标看，无论从应对气候变化压力角度来看，还是从能源安全角度分析，都需要重视低碳发展。将其作为高质量发展的一部分，是我国未来经济发展需要关注的重要内容。

低碳发展将成为经济社会全面发展的新动力。全球经济发展出现了瓶颈，发达国家增长乏力，发展中国家产业出现低端锁定并且个别国家出现了中等收入陷阱。低碳发展和能源转型可以释放资源环境压力，开创绿色低碳需求，推动新的技术进步，进而提高全球可持续发展的质量。另外，低碳发展要求开拓新的消费理念和模式，要求实现能源系统低碳化，发展高效的能源利用技术，探索新的用能方式及采用更新的材料、工艺和技术等，如超低能耗建筑、交通运输系统低碳化、电动车、轨道和公共交通，以及高度电气化、分布式能源、智慧能源和储能等。

当前我国处于一个重要的历史性时期，长期过度依赖投资、出口拉动的经济增长模式将难以继续。当前的国内外形势要求将拉动内需作为我国经济增长的新动力。城镇化是国家发展的大势所趋，城乡关系在未来一二十年将发生重大的转变，城镇化发展战略需要被重新认识。在学习发达国家历史经验的基础上，我们看到，当前我国的城镇化模式是粗放高碳的，具体表现为高耗能运行的建筑、高碳排放的交通、低密度蔓延的城市等。这种发展模式难以确保能源安全和应对气候变化的需求，亟待改变。中央和地方政府已充分认识到低碳发展的必要性，它可以促使经济发展模式、产业结构和人民消费观念的改变。自上而下的顶层设计和自下而上的低碳城市试点政策成为推动低碳城镇化的尝试。低碳应该成为城镇化过程中一种有效的管理手段和目标，最终达到控制碳排放的目的。

二、城市治理理论

“治理”一词的英文为 governance，来源于古典拉丁文和古希腊语中的“掌舵”一词，本意是控制、引导和操作。与 government 一词交叉使用，主要用在和国家事务相关的问题或者管理中的各种关系的描述中。20 世纪 90 年代后，西方政治学和经济学中的治理，范围得到了扩展，不再局限于政治领域，扩展到了社会和经济领域。1989 年，世界银行在非洲问题的解决上提出了“治理危机”的说法，当时的 governance 类似于政府权能，治理的危机这种说法开阔了人们的思维。20 世纪 90 年代后，“治理”被广泛应用于不同行业。治理的基本特征是多元主体参与，多种机制运作。治理的理解包括以下几个方面：主体说、关系说、方式说、过程说和制度说。每一种学说都有其代表人物以及核心内容，见表 5-1-1。

表 5-1-1 治理学说的种类、代表人物和核心观点

学说	代表人物	核心观点
主体说	罗比特·罗德	治理设计全新的社会统治以及控制方式转型的过程，分六种治理模式
关系说	联合国人居署	治理是存在于正规的行政当局与政府机构内部和外部权力的总称
	全球城市研究机构	治理涉及市民社会和国家之间的关系，涉及执法者和守法者之间的关系和政府管制与可治理性
方式说	世界银行	治理是一个国家为了发展而对经济和社会资源管理进行管理的时候运动权力的方式
	经济合作与发展组织	治理的目的是运用政治权威管理和控制国家资源，求得经济和社会发展
过程说	全球治理委员会	治理是一个连续的过程，多种多样或者相互冲突的利益集团走在一起，找到合作的办法
制度说	奥利弗·伊顿·威廉森	治理的目标是通过治理实现良好的秩序

随后学术界提出了新公共管理论，具有以下几个方面的特征：政府角色变化，从单纯的管理者变成了公共事务的服务者，市场机制引入；公共管理的主体发生了变化，由政府单一主体变成了政府和非政府的多元主体；机制和主题变化导致了公共管理的目标发生了变化。

在公共治理的主体方面，目前的研究主要强调了政—企—民的互动关系及行政管理体制的垂直科层体系。对中国城市公共治理的研究不仅应当考虑政府、市场、社会三者的互动，也应考虑到中国的行政管理体制复杂的垂直科层体系，即中央政府、省级政府、城市政府、县政府和乡镇政府构成的五级行政管理体制。城市政府、企业和城市居民（公民社会），这三者构成了地方城市公共治理的主体，中央政府则主导着更大空间尺度上的制度建设，并影响着地方公共治理所处的制度环境。

下面主要介绍与低碳城市治理相关的一些内容。

（一）城市的治理模式

城市的治理随着城镇化的发展逐渐被各界关注。城市层面的研究包括城市在经济全球化中的发展定位、如何获得较高的地位、构建自身的定位。城市治理是城市政府和非政府部门相互合作促进城市发展的过程。这是一个持续的过程，不同的利益可以通过协调和合作来实现。城市管理的类型见表 5-1-2。

表 5-1-2　城市管理的类型

类型	范式	基本理念	要素模式	政策手段
城市管制模式	传统公共行政	上级对下级政府的强压管理	没有中央对地方的分权基础，中央政府单中心的模式	以计划体制为代表，主要是行政命令和控制手段
城市经营模式	新公共管理	在市场逐步完善的情况下，城市政府的自主权逐渐扩大	中央对地方适度的分权，市场化发育较好	中央和地方之间有着适度财权和事权的划分，采取计划和市场相结合的控制手段
城市治理模式	新公共服务	在市场完善的情况下，城市政府定位于服务型政府，采取合作共治的方式，实行自主治理，与社会主体形成合作关系	政府职能属于小政府，是多中心治理，企业、非营利组织得到充分发展，与政府形成平等伙伴关系	基于参与、沟通、协商共赢原则选择合适的政策手段

我国在改革开放以前，城市治理的模式是以政府主导的自上而下，依托于以审批制度为主的城市管理模式。改革开放以后，自上而下依然是主导，但是市场的作用逐渐凸显，从而推动了城市管理模式的改变。城市政府可以调控区域经济，也是经济利益的主体。地方政府需要完成中央政府宏观经济管理和调控政策的职能，完成中央政府下达的不同指标，同时也有追求自身利益最大化的需求。另外，城市治理也表现出了新公共管理的特征，具有更复杂的系统特征，包括整合和协调地方利益、组织社团的能力，代表地方利益组织和社会团体形成市场、国家、城市及其他层次政府相对一致的策略能力。网络化、多元化及多样化的治理理念在城市治理中有更多的体现，通过多个利益主体之间的对话、协调、合作达到最大限度动员资源、实现利益关系共赢的目的。按照类型来看，有以下六种城市治理模式，见表 5-1-3。

表 5-1-3　城市治理的六种模式

项目	企业化模式	服务型政府模式	管理模式	社团模式	支持增长模式	福利模式
主导者	政府官员	行政人员	职业管理者	大众与利益组织	商界精英高管	地方政府和国家政府
目标	发展城市经济，以企业精神重塑政府	建立顾客导向型政府	提高公共服务的生产和传递效率	保证组织和成员的利益	经济持续增长	国家支持地方经济
手段	引入竞争机制，借鉴企业管理方法	实行顾客关系管理	与私营部门合作，公职招募，提高公务员素质	使社会主要成员参与到城市治理中	城市规划、改善基础设施、改善投资环境、吸引资金	地方的政治和管理网络
结果	政府功能呈现经济化倾向，提高了城市竞争力	城市政府流程再造，降低政府成本，提高服务质量	提高了服务生产率，但对服务市场和消费者选择的作用不大	削弱了财政平衡，私营部门和其他组织的不平等性	对地方经济起到了主导作用	中央政府的财政功能赤字不断增长，地方政府权力下降

目前对城市公共治理的研究主要强调了城市公共治理以经济发展为中心。例如，一些学者用地方开发性政府和城市增长同盟解释城市政府推动经济发展和城市扩张的行为模式，更值得关注的是这种普遍化的行为模式背后的制度性动因——“经济强国”的国家发展战略，通过单一制政府体制层层传递转化为地方层面经济优先的发展思路，形成对城市政府经济发展优先的政治激励，并经由官员的政绩考核体系强化了这种政治激励机制。另外，不完善的“分税制”改革加剧了地方政府预算内财政压力，却没有解决地方财政的预算外软约束问题，导致城市政府通过城市扩张获取经济增长的动力，实现地方财政收入的最大化，从而为地方官员获取政绩和升迁积累政治资本。通过“经营城市”来获得经济发展成为城市政府的基本行为模式。

（二）城市治理的工具

治理工具主要包括激励和“命令—控制”型工具。

激励包括物质和非物质激励。物质激励包括了工资和直接的物质奖赏等，而非物质激励可能包括职位提升回报等形式。非物质激励的价值体现在心理层面的满足。从公共治理角度来看，物质激励对于提高公务员的工作绩效是必要的，但却不是充分条件。物质激励在健康卫生和教育领域有着明显的局限性，主要体现在良心和职业道德方面。其中政治激励是非物质激励在公共治理方面的重要体现。

改革开放以后，我国城市政府的职能改变，主要表现在社会主义经济从计划经济体制转变为市场经济体制，政府管理的内部从过去的管理企业转变为提供公共物品和服务。在这一过程中，中央政府逐渐对地方政府进行放权，通过财税制度的改革对地方政府的财政分配进行调整。我国城市发展的一个重要特点是以政府政策型调控为主导。

针对低碳、生态环境保护等，当前我国政府主要采取的依然是“命令—控制”型环保政策，但是也已经逐渐引入了基于市场机制的政策工具。我国环境管理体制自 2002 年以来不断促进市场化的发展，传统的“命令—控制”型环保模式能发挥的作用越来越有限。

（三）城市发展目标和干部考核机制

城市政府的价值取向一旦出了问题，将直接影响城市管理的方式。城市公共管理学说主要指在“城市增长机器”背景下盲目追求城市经济增长、追求投资额度、城市形象工程等，突出了城市在追求城市公共利益的时候出现的偏差。其中城市改革目标是城市价值取向的重要体现。而干部考核机制，则是约束城市改革的重要因素。

在自上而下的干部管理体制中的政策激励导致了政策执行的扭曲。地方政府官员不积极执行中央环保政策的原因之一在于环境指标在干部考核指标体系中的占比较小。地方上认为这些指标和经济增长之间是有冲突的，而城市的经济增长相关的指标被看作最重要的。在国内外多重压力下，城市政府需要保证居民就业及改善居民生活。而单纯的以经济增长为发展指标的后果就是政府忽视了其对环境的治理责任，最终削弱了环境考核指标的政治激励作用。

（四）城市治理中的利益分配

管制模式下城市政府是城市公共利益的代表者。城市精英模式中，城市过分追求城市自身和地方利益，缺少对城市真正利益的追求。城市治理模式对城市政府提出了很高的要求：城市政府必须协调好自身利益和城市利益之间的关系。城市的治理追求的是各个主体之间的合力。促进城市公共利益的发展，关键在于明确各个主体间的利益关系和作用。每一个主体之间都有着其不同的利益实现机制，不同的角色定位和利益追求使其在具有共性的同时，有着显著的差异，这些差异就导致了他们之间出现了各种利益冲突，影响到了政策的执行。城市中其他利益主体和公众参与被忽视，导致了政府利益的实现过程缺少监督。政府成为超级企业，拥有一般企业无法获得的公共资源和企业不具有的行政权力、制定竞争规则的权力（税收政策和城市规划）及规避风险的特权（银行贷款或者融资）。

城市政府在“分税制”下，使得中央和地方的关系和利益更加清楚地划分开来，使得地方政府成为经济发展的主要推动力。而地方城市政府之间的竞争，更多地依赖于政府掌握的各种资源，如财政优惠政策和财政转移等。作为国家最高领导者，中央政府是治理的主体和利益相关者，可以向地方政府转移巨额的资金，建设基础设施，可以根据自身目标制定一些地区的试点权和优惠权，会对城市治理结构产生直接影响。

环境保护是一种典型的非经济性的公共物品，在一定程度上而言，上级环保部门和本级地方人民政府的利益是冲突的，地方政府容易出于经济发展目标而对环保政策的执行进行干涉。中国地方政府环保政策执行不利的重要因素是分权化改革下地方政府和地方环保局的自由裁量权。而我国环保体制中，也存在着不同职能部门之间的协调机制，中央层面不同部门的利益冲突往往限制了环保政策的执行能力。另外，在低碳治理中，常运用目标责任制，这是“行政逐级发包制”的一种。在总量控制政策的执行过程中，中央政府和地方政府之间形成了一种链式的委托代理关系，中央政府是总的委托方，地方政府是政策的最终直接执行者和代理方。目标责任制在中国的应用类似于政治承包制，中央权威以命令或者任务分解到地方，通过设定不同的目标，在中央的领导下，地方政府需要在不同的任务间进行权衡和取舍。

三、生态文明与绿色发展一体化视角下的城市低碳发展与治理实践

生态文明与绿色发展一体化视角下的城市低碳发展与治理旨在以城市低碳发展与治理为主要手段减少城市碳排放，实现城市的生态文明建设同时促进城市绿色经济、低碳经济的发展，提升城市的绿色消费水平。本部分以武汉市低碳交通发展为例阐述生态文明与绿色发展一体化视角下的城市低碳发展与治理实践。

武汉市是我国中部和长江中游重要的交通枢纽城市。武汉市低碳交通的发展得益于以下几方面措施：重视交通规划的作用、争取了多个国家层面的交通试点、多层次推进交通系统的优化、发展智慧交通系统、实施差别化的交通管制政策及鼓励公共交通和慢行交通。但低碳交通的发展也存在一些问题，如路网结构不合理、基础设施不完善及出行效率偏低。主要是因为城市发展不注重质量，缺少系统化、精细化的规划和管理，节能减排不是行业主管部门的工作重点等。针对上

述问题，可以在以下几个方面改进：精细化管理城市交通体系，完善区域和部门协调合作机制，改进部门行动计划并建立节能评价制度。

武汉是我国中部及长江中游的中心城市，人口过千万，地区生产总值超过万亿，是集铁路、公路、水运、航空于一体的交通枢纽城市。武汉市正处于交通机动化快速发展期，初步完成了大规模的城市基础设施建设，构建了由综合交通枢纽、快速路和轨道交通为骨干的城市骨架交通系统，基本满足了市民多样化的交通出行需求。武汉能源需求总量将继续增加，低碳转型成为城市发展的必然选择。交通行业是今后城市控制碳排放的关键领域之一，要通过适当的政策引导交通的低碳发展，避免其陷入北京等城市交通拥堵治理的恶性循环。

（一）武汉交通发展的现状和低碳措施

当前武汉市城镇化率大约为 80%，经济发展带动了家庭收入的增加，家庭年收入的增加促进了武汉私家车保有量逐年上升，大约每户拥有一辆车。与同等规模城市比，武汉市私家车总量较低，但是按趋势看其总量还会继续上升，并且构成了交通用能和碳排放的绝对主力。

武汉专门制订了交通发展的总体战略规划，设定了“构建以公共交通为主导的综合交通运输体系，引导城市空间结构调整和功能布局优化，实现各种交通方式高效衔接、安全便捷、公平有序、低耗高效、舒适环保，促进区域交通、城乡交通协调发展，将武汉建成为国家级综合交通枢纽城市”的发展目标。交通低碳发展方面也取得了一定的效果。

尽管武汉交通低碳发展战略的初衷是为了服务于出行的出舒适度或运输队的便利度，但是这些措施有效地控制了能源消费及碳排放量。

1. 重视交通规划对城市发展的引导

武汉市重视交通发展战略和相关规划的编制工作，颁布了《武汉市综合交通规划（2009—2020 年）》《武汉市城市轨道交通近期建设规划（2010—2017 年）》《武汉市城市总体规划（2010—2020 年）》等，有效指导了城市交通发展，调节了职住不平衡的矛盾。以《武汉市城市总体规划（2016—2030 年）》为例，它围绕国家中心城市建设，提出了“竞争力提升、空间格局优化、枢纽城市打造、文化魅力彰显、宜居城市建设”的要求。实际上，武汉市早在 2015 年就意识到要“让城市安静下来”，政府转变了城市管理的理念，希望减少交通拥堵及施工带来的噪声，其中一个措施就是要借助规划引导武汉市交通的健康有序、绿色低碳发展。

2. 争取多个交通领域的国家级试点

除国家低碳城市试点外，武汉市先后申请了新能源汽车试点城市、综合运输服务示范城市、“公交都市”建设示范城市、全国综合交通枢纽示范城市、现代物流创新发展试点城市和中国快递示范城市等，并依托试点方案，推进具体领域的低碳工作。例如，为配合全国节能与新能源汽车示范推广试点城市及新能源汽车充电示范站和推广点，武汉市颁布了《市人民政府关于促进新能源汽车产业发展若干政策的通知》。到目前为止，武汉基本形成覆盖三镇、通达新城的轨道交通网络体系，计划推广近 4 万辆新能源汽车，建成 150 个以上集中式充换电站及 7 万根以上的充电桩。

另外，武汉在加入 C40 全球城市气候领导联盟后签订了“气候适应性城市建设合作协议”。其中，交通行业是控制碳排放、应对气候变化的重要领域。

3. 打造智慧交通系统，引导绿色出行

首先，武汉要建立“国际交通中心”“绿色出行楷模”为核心的综合交通体系，提出要建设“轨道 + 慢行”为主导的“442”交通出行结构（公交及轨道出行比例 40%、慢行出行比例 40%、小汽车出行比例 20% 以内）。在规划编制时和手机大数据相结合，优化道路骨架网络，完善微循环支路系统。建设智慧公交系统，开展公共交通车载硬件设备整合示范，提升公交数据的采集能力。收集如公共交通车辆在站的集散人数等指标信息，进而促进动态运营调度、车辆到站时间预测及车辆拥挤度信息的动态发布等，方便乘客选择出行时间与更舒适的出行方式。其次，武汉获得了世界银行贷款的支持，实施了武汉智能交通示范项目。该项目对武汉城市交通管理软实力的提高起到了重要作用。项目主要通过城市交通信息化建设，将物联网用于交通安全设施，为交通管理提供决策支持。电子化的交通标志使道路交通安全设施实现了可视、可感、可控，具体包括：全生命周期的交通设施信息化管理、对突发事件等及时发现和处理、为临时交通管制提前预警及为地图导航和交通指挥提供数据支撑等。另外，武汉市对路边停车位编号并展开智能化系统监测，减少了停车位数量、加大了执法力度，有效地控制了私家车出行量。

4. 实施差别化的交通管制政策

武汉结合区域特点、人口特征等，因地制宜地采取了差异化的交通管制政策。主要包括以下几项内容。①交通设施建设差别化。按照武汉城市总体规划，依据不同的交通需求和出行特征划分为中央活动区、滨江活动区、主城居住组团、新城组群四个区域，分别施以不同的交通设施建设和交通管理措施。②过江费差别化。武汉市在“六桥一隧”启用ETC，按次征收车辆通行费，实施差别化的过江收费政策，采取了中心区高收费、过江通道高峰高收费等方式，以调整和均衡过江的车流量。③停车费差别化。二环以内“停车泊位适度从紧，停车配建指标较低”，二环以外“停车泊位充分供给，停车配建指标较高”。在城市中心区，特别是行政办公区和商业区停车矛盾突出的区域，实施较高停车费，区域以外，停车收费施行较低标准。④公共交通票价差异化。为提高公共交通的吸引力，对于老年人、残疾人、军人、伤残警察等特殊群体实行免费乘车（船）等政策。

5. 优先发展公共交通并鼓励慢行交通

武汉积极完善轨道交通等公共交通方式，制定了优先发展公共交通的政策和文件。为此，武汉市出台了《市人民政府办公厅关于优先发展城市公共交通的意见》《武汉市城市公共客运交通管理条例》《关于加快武汉市轨道交通建设的若干意见》等政策。明确了要加大财政补贴力度、制定公共交通鼓励政策、推进公交企业改革、优化轨道交通等。具体措施包括：设计了公交APP和电子站牌，安装了公交车GPS系统，淘汰了全部黄标公交车，将80%～90%的传统公交车辆替换为新能源汽车，对新能源汽车给予补助，纯电动汽车不收过桥费，新能源汽车不限号等。为鼓励公交出行，政府还给公交公司财政补助，支持市民常规公交90分钟之内一次换乘免费。

武汉市60周岁以上的老龄人口已占总人口的20%左右，老龄化程度高，未来城市对慢行生活和慢行交通的需求将增加。武汉市积极规划绿道系统，如东湖绿道是国内最长的5A级城市核心区环湖绿道，被联合国人居署列为“改善中国城市公共空间示范项目”，为市民的“慢享生活”起到了较好的带动作用。

（二）武汉低碳交通发展存在的问题

整体看，武汉市交通方面的突出问题主要在于路网结构不均，基础设施不完善及出行效率偏低，这些都造成了不必要的能源消耗和碳排放。具体来说，受江河、山体、单位大院、铁路等限制和分隔，武汉城市道路格局存在路网分布不均的问题，如武昌和汉阳居民为方便通勤更倾向于选择私家车出行。城市开发过程中倾向大型的路网建设，忽视小区域的道路微循环。单体交通发展过于强势、盲目扩张、缺少衔接和合作，公交、轨道交通、自行车等缺少优化、接驳。交通服务设施不够的问题也比较突出，如停车设施、交通指示系统、立体过街设施和慢行生活道路供给不足。另外，道路新建、翻修等多项工程同时进行，私家车侵占公交专用道等问题突出。

上述现象主要由以下几个方面的因素导致。

1. 城市面积扩张导致出行需求增加

和其他城市类似，武汉同样存在城市低密度蔓延的情况。尽管城市总面积变化不大，但是核心区面积向外扩张情况严重，“土地城镇化”快于“人的城镇化”，促使交通总的需求量不断扩大。上述情况出现从根本上来讲，是由于土地财政等制度因素；从行业管理角度看，主要是由于城市管理不够精细化而引发的不必要的能源需求。例如，交通基础设施和管理服务供应不足；规划中并没有考虑居民出行的便利、绿色、低碳；过于强调发展轨道交通和公共交通的数量、里程，并没有突出质量；缺少应用先进的管理理论以及技术，如路网监测、线路优化等技术等。

2. 节能减排不是主管部门的主要工作内容

《关于印发武汉市低碳城市试点工作实施方案的通知》提出交通运输委（以下简称“交委”）是主要的责任部门。但是，它主要负责交通行业的规划、优化、管理等，并不直接负责节能和低碳。交委对节能减排推动力度比较大的方面仅限于清洁能源出租车、公交车等，难以管控私家车和货车的用能状况。武汉市发展和改革委员会更多地负责能源统计、监测、核算等。武汉市发展改革委设立了低碳城市试点工作领导小组，负责制定低碳相关的战略和政策，但是该小组主要起协调作用，也不直接负责减排和低碳发展的具体事务性工作。另外，武汉市交委无权管理区域内全国性的铁路中心、高速路枢纽等的节能工作。

3. 地方政府利己思维不利于低碳发展

地方政府以获得竞争优势为目标，其政策制定的出发点更多的是服务于自身利益，经常忽视多方合作与协调，导致生产效率低下、资源浪费等，造成了高碳排放量。例如，地方为了低碳城市发展目标，不考虑新能源车的实际使用数量，盲目修建新能源充电桩，将带来能源浪费。另外，武汉市和同级别的城市及长江沿线一些城市存在争夺资源和市场的情况，城市间较难统筹，容易出现基础设施重复建设等问题。原先武汉城市圈“8+1”的协调机制执行力度不够并且规划机制形同虚设，基于此，长江经济带战略下新的区域协调机制还有待建立。

（三）武汉市交通低碳发展的建议

1. 精细化管理城市交通体系

武汉市需要继续优化交通行业发展规划和城市空间布局，并在交通行业增设资源环境、节能、低碳相关的约束性指标，重视交通用能管理及先进技术的应用，在大数据和智慧交通基础上精细化管理城市，实行私家车总量控制政策，可以考虑限购或者限行，鼓励公共交通和慢行交通，提高公共出行的舒适程度，减少市民对私家车的需求，提高交通微循环的质量，推进高铁、地铁及公共交通之间的合作。

2. 完善区域和部门协调合作机制

长江经济带发展战略下，武汉有必要以沿线高铁为中心与其他城市构建区域间的合作机制，促进城市之间错位竞争、协调发展，避免竞争过度、资源浪费等情况。构建部门之间的协调统筹机制。武汉市交委的权限仅限于公路、轨道等，对铁路、高速路等并无管理权。交委在项目执行中话语权相对不强，要通过更高层面力量的介入才能在重大项目规划中保障公交优先及低碳理念落实。因此，各部门对应权责要明确写入低碳城市交通规划中，并以地方立法等形式肯定。

3. 改进部门行动计划并建立节能评价制度

现阶段交通节能工作更多地依赖于部门领导的主观能动性。因此，要将节能、低碳纳入主管部门行动计划中，明确和其他部门之间的协调、配合关系，特别是要理顺交委和发展改革委在节能和低碳方面的权责差异。完善节能减排的统计、监测、评价和考核制度，将低碳交通发展目标纳入武汉市国民经济发展规划的约束指标中，将节能工作绩效纳入领导干部考核体系。

第二节　国家公园的试点区建立

一、生态文明与国家公园建设的关系

（一）生态文明基础制度是国家公园体制设计的基础

国家公园是生态文明改革的先行先试区，具有率先推进改革的作用。我国生态文明体制改革的纲领性文件《生态文明体制改革总体方案》，提出了生态文明八项基础制度，即健全自然资源资产产权制度、建立国土空间开发保护制度、建立空间规划体系、完善资源总量管理和全面节约制度、健全资源有偿使用和生态补偿制度、建立健全环境治理体系、健全环境治理和生态保护市场体系、完善生态文明绩效评价考核和责任追究制度。国家后续颁布的《关于设立统一规范的国家生态文明试验区的意见》及《国家生态文明试验区（福建）实施方案》系列文件，明确指出了这八项制度的重要性和试点政策的可操作性。中国的国家公园体制建设存在四方面的特殊国情，即“地”的约束、“人”的约束，从体制整合来看还

存在“权”“钱”难题，这也是体制机制改革的重点。而生态文明八项基础制度与国家公园管理“钱”“权”制度设计密切相关，借助生态文明基础制度的构建，解决国家公园“权”“钱”的难题。

国家公园是生态文明建设的重要物质基础，是生态文明制度建设的先行先试区和生态文明基础制度因地制宜的创新实践区。因此，在国家公园体制机制建设中，生态文明基础制度是其一个重要方面，是改革的操作措施和改革方案的基础。有必要结合生态文明基础制度和生态文明示范区的要求对国家公园体制机制进行优化设计：一方面，体现国家公园体制机制在落实生态文明基础制度的领先性和代表性；另一方面，只有借助生态文明基础制度的构建才能有效保障国家公园各项基础制度的落实，保护好自然资源。另外，生态文明制度是国家公园体制机制改革的操作措施和实施方案的重要基础，作为重要的试点先行区，国家公园配套的制度建设对生态文明制度改革有重要意义，其中的产权制度、规划制度、生态补偿制度和产业发展制度是国家公园体制机制的几个重要方面。

1．产权制度

在目标导向下，《生态文明体制改革总体方案》明确指出要“探索建立分级行使所有权的体制”。在国家公园内，建立这个体制有两方面约束：①以生态系统的原真性和完整性为保护目标，国家公园所涉及的资源类型更为多元，包含或可能包含土地、水、矿产、生物、气候和海洋六大类自然资源；②与任何一类保护地相比，国家公园涉及的利益相关者更多，有地方政府行使的职能，更有中央政府直接参与管理。上述制度也面临着一定的挑战：①自然资源资产产权制度中如何确保归属清晰、权责明确、监管有效；②不同层级、不同资源类型的确权过程中如何确保效率和公平的统一，结合《生态文明体制改革总体方案》的要求，在如何行使所有权的问题上也需要进一步考虑；③是否都需要封闭、隔离式保护；④如何体现“行使所有权”，在集体所有的土地上，在土地已经承包到户后，土地的产权、治权能否根据保护需要分离。

依据《生态文明体制改革总体方案》和《三江源国家公园体制试点区实施方案》，国家公园试点区产权制度设计可以从以下两个角度着手。

第一，针对国家公园内的多种资源，国家公园的所有权应该由若干个不同的相互独立的所有权所构成，国家公园所有权由国家享有。但是国家所有权的主体有事实的缺位，由各级政府或者政府的各个部门行使，从而形成多个利益主体的情况，由此来看，有进一步明晰产权、完善国家所有权管理机制的必要。现实中自然资源国家所有权往往附属于行政管理权之中，降低了资源物权交易的效率和行政权的威信，甚至可能成为行政机关设租和寻租的手段，是低效率的制度安排。依据国家公园分级管理而设定由不同级别的政府行使所有权，并且不同级别的政府所有权与经营权相分离及所有权与行政管理权相分离，这是有效率的选择。

第二，在集体所有的土地上，部分管理权可以通过地役权方式体现，对生态和景观上连续的土地资源因为权属不一、人口密集及基础设施过多造成的破碎化进行再统筹，通过经济手段对特定行为进行限制或鼓励，分离土地的产权和治权，实现就重要保护目标而言的原真性、完整性保护，也有利于资源的可持续性全面利用。只要能真正实现归属清晰、权责明确、监管有效，并通过地役权、特许经营等方式实现权属的灵活高效管理，国家公园并非都需要封闭、隔离式保护。

2. 生态补偿制度

《生态文明体制改革总体方案》中提出了要健全生态保护补偿制度。建立健全森林、草原湿地、荒漠、海洋、水流、耕地等领域生态保护补偿机制，加大重点生态功能区转移支付力度，健全国家公园生态保护补偿政策。鼓励受益地区与国家公园所在地区通过资金补偿等方式建立横向补偿关系。

与其他保护地类型不同，国家公园在拥有较大范围面积和较高保护价值资源的同时，通常分布有较多的社区居民。在“保护为主，全民公益性优先”的目标之下，无论是从科学性而言，还是从必要性而言，都必须兼顾社区的全面发展，对社区在保护事业上的贡献给予奖励，为保护工作所做的牺牲给予补偿。然而，面对范围广、数量多的社区居民，有限的资金并不能满足一般意义上的生态补偿或购买生态服务。因此，要在国家公园范围内实施生态补偿，必须以细化保护需求为前提，将补偿的对象和限制的行为进行精准定位。

（二）国家公园体制试点是生态文明制度配套落地的捷径

从美丽中国被首次写入十八大报告到绿色发展位列“五大发展理念”，试点方案成了具体的工作指导。而同时也要认识到国家公园体制试点也是生态文明制度配套落地的捷径。国家公园试点区是先行先试区，易于推动制度配套落地并看到成效。中央对生态文明制度建设、绿色发展不仅有决心，而且有明确要求，如《生态文明体制改革总体方案》提出制定生态文明建设目标考核评价办法并要求2016年完成。2016年12月颁布的《生态文明建设目标评价考核办法》明确突出公众获得感，对各省区市实行年度评价、五年考核机制，以考核结果为党政领导综合考核评价、干部奖惩任免的重要依据。生态文明体制的先行先试必须找资源价值较高、建设需求迫切、改革难度较小的区域。

中国仍处于工业化发展中后期，全面推行生态文明制度且这个过程中保持全民公益有点勉为其难，《全国主体功能区规划》划出的国土中，人口分布最多的区域仍然是重点开发区和优化开发区，即大多数人居住的区域仍然要将工业化、城市化作为主要任务。那什么样的区域可以先行先试呢？这只能从禁止开发区中找。根据《全国主体功能区规划》这些区域主要是保护地，而在保护地中进行的影响最大的体制改革就是国家公园体制试点。

国家公园试点区，从合理性和可行性而言都应成为生态文明制度建设的特区，合理性指资源价值高，可借助保护优先并转变区域发展方式；可行性指相关制度建设条件好，国家公园试点的终极目标“保护为主、全民公益性优先”也正是生态文明制度建设的终极目标。从目前开展国家公园体制建设试点的地区来看，大多数是资源价值较高且已经开展了生态文明相关建设试点的区域如三江源国家公园试点区的核心玛多县，也是全国生态建设重点实施县，见图 5-2-1；开化国家公园试点区，是全国主体功能区和“多规合一”的试点县，见图 5-2-2；仙居国家公园试点区，是浙江省唯一的绿色化发展试点县，见图 5-2-3。

图 5-2-1　三江源国家公园试点区

图 5-2-2　开化国家公园试点区

图 5-2-3 仙居国家公园试点区

国家公园试点区是先行先试区，体制改革难度较小，易于推动制度配套落地并看到成效。目前初见成效的浙江开化，①试点改革统筹推进。其深入推进国家公园体制、国家主体功能区建设试点、国家生态旅游示范区、“多规合一”试点、国家生态公园试点和省重点生态功能区示范区建设试点、省生态小城市培育试点等多项国家级、省级试点，研究国家级和省级改革试点的目标任务、政策体系、制度供给，争取相关生态、金融等政策支持，释放更多的试点红利。结合相关规划的内容构建了由 21 个重点规划组成的“1+3+X”县域规划体系，使生态文明制度建设首先在空间上被统筹起来。②制度建设配套进行。其从不动产确权开始，同步开展自然资源负债表编制、“多规合一”、生态补偿、环境审计等多方面的制度建设，将上级政府的放权都体现到改革上，在生态文明的多项基础制度建设上小有所成。③改革实施落到实处。其被列为全国主体功能区试点县后，其上级政府衢州市不仅名义上取消了对领导干部的 GDP 考核和排名，“多规合一”在县域范围内实现了一张蓝图管理。同在浙江的仙居国家公园试点区，是浙江省绿色化发展试点县。一方面，拿到了较多的省内转移支付资金；另一方面，在没有得到高层级政府转移支付资金的情况下，利用法国开发署生物多样性保护项目的政策性贷款，进行国家公园及相关制度的建设。浙江地方生态文明改革进展较快，根本因素还是其本身固有的治理能力和较高的领导干部素质。

解决国家公园的难题与生态文明制度之间存在着互为基础、相辅相成的关系。国家公园试点目前的共性难点在钱、权相关制度上。一方面要明晰政府和市场的权责范围；另一方面要明晰不同层级政府的事权。对第一方面，如果能够提供相关联的产品，则市场可以发挥更大的作用。但是大部分的国家公园并没有很好的地方财力，具体操作角度：①国土空间分功能使用并统一规划；②依托国家公园实现规模扩大或效益增值发展事宜的产业，使多数居民在经济上受益；③充分体现绿色发展和生态文明建设成果的干部绩效考核制度，使倡导和善于实现绿色发展的干部在政治上受益。

这三个方面，依然是浙江省表现非常突出，体现为以下三方面制度建设：

①主要是生态、生产和生活空间的确立和“多规合一”制度形成保障。以仙居为例，其确立生态化的空间格局，基本建立统筹融合的城乡规划、建设、管理机制，建立经济社会发展规划、城乡规划、土地利用规划、生态环境规划互相衔接协调的规划体制，形成全县一本规划、两张蓝图。全面落实主体功能区战略，构建以永安溪绿色生态发展轴，都市产业经济带和南部生态旅游产业带为骨架的城乡空间格局，统筹优化生产、生活、生态空间。

②包括产业内容的丰富、产业业态的进化、产品品牌的打造、产品配套的衔接，最终实现资源—产品—商品的升级，使相关产品参与度高、附加值高，这样就能实现内涵扩大式再生产。如开化主动顺应“旅游＋”发展趋势，发展培育生态旅游、健康休闲养生产业，实行生态富民目标。以创建全国有机农产品认证示范区和全国休闲农业与乡村旅游示范县为契机，积极培育发展创意农业、有机农业，大力发展中药材等林下经济，努力提高综合效益。并且仙居发力于杨梅等绿色农产品标准化基地建设，建立农产品标准化生产和品牌化、电商化营销机制，建立农产品可追溯制度和质量标识机制，构建生产、流通、消费全过程实施质量监控的管理机制，打造国内一流的高端农业。

③建立健全相关评价考核体系。从《生态文明体制改革总体方案》“根据不同区域主体功能定位，实行差异化绩效评价考核”，到《浙江省水土保持目标责任制考核办法》“实施年度考核制度，考核采取设自评与省组织核查相结合的方法进行”，再到《浙江省市级政府耕地保护责任目标考核办法》中“将全省土地利变更调查和专项调查提供的各市耕地面积、生态退耕面积、永久基本农田保护面积数据，以及耕地质量调查评价与分等定级成果，作为考核依据”。

仙居将这方面的制度建设明确为率先确立现代化的治理机制，包括率先建立并实施绿色化指标，统计体系、绿色项目引导目录制度和国家公园体制，政府管理体制和区域协调机制改革全面推进，资源要素实现优化配置。这方面的制度建设是层层递进的：建立自然资源资产负债表制度准确把握自然资源的存量、增量和减量等，为划定生态保护红线和干部绩效评估提供基础性依据；建立绿色化发展指标和统计体系，按照生态文明、绿色发展的理念，从绿色生产、绿色生活、绿色城乡、生态环境等方面，完善绿色化发展指标体系和评价机制，对绿色化发展的各项重点进行科学评价；建立绿色化发展考核机制，制定科学合理的目标责任制考核办法，把绿色化发展的各项目标落实到各执行部门和乡镇街道。

二、生态文明与绿色发展一体化视角下的国家公园建设实践

本书在此以海南省国家公园建设为例探讨生态文明与绿色发展一体化视角下的国家公园建设实践。生态文明与绿色发展一体化视角下的国家公园建设旨在将生态文明建设与经济发展相结合，在建设生态化国家公园，为居民提供舒适的生活环境的同时为地方经济制造绿色增长点，带动周边的绿色消费增长。那么在国家公园建设过程中，通过什么样的方式既能保证生态文明发展又能保证绿色经济发展，还能实现生态文明与绿色发展的一体化将是下文论述的重点。海南省从区域转化和行业转化两个角度入手，为我们提供了生态文明与绿色发展一体化视角下的国家公园建设有效思路。

（一）重点区域转化建设生态文明公园

海南省以中部四县市为重点领域，展开试点尝试，优先探索国家公园体制下的生态产品价值实现，从而实现生态文明与绿色发展一体化。热带雨林国家公园品牌体系是海南生态产品品牌体系这一母体系中的子体系，遵循生态产品品牌体系的基本规则，并且这一体系设计基本思路和生态产品品牌类似。下面只就不同点，进行说明分析。

首先，国家公园范围内的相关转化路线的设计要符合《建立国家公园体制总体方案》，以此为参考依据展开体制机制探索。

国家公园产品品牌体系作为生态产品品牌体系的高级版本，其最核心约束是生态环境友好、文化友好及社区友好，即相关产业和产品的选择优先且重点考虑这三方面，这也构成了品牌的核心要素，是国家公园产品品牌不同于其他生态产品品牌的关键。

国家公园产品品牌体系包括：产业绿色发展指导体系（制定产业准入负面清单）、产品质量标准体系（含追溯体系）、产品认证体系、品牌管理营销体系及产品品质检测体系（建议海南展开地役权，包括地役权监测体系）。其中地役权是原住民参与保护的根据，也是参与保护的评价标准，这些收益有必要纳入产品成本。

其中，社区原住民以地役权的形式参与保护，借助多元治理结构的构建和保护协议的签署，原住民参与保护的贡献附加在国家公园产品价值中，成为重要的增值要素。

建立支撑热带雨林国家公园产品品牌体系的信息化平台和数据中心，服务于

国家公园产业的不同利益相关方。这部分设计和生态产品类似，只是要考虑社区发展方面，即将社区参与保护纳入，原住民参与环境教育项目、生态监测、生态系统和文化保护等基本情况纳入，也包括原住民参与国家公园品牌体系、接受相关培训、自发组织社区活动等信息。最终借助体制机制设计，将原住民参与保护的成效反映在产品价值中。

深入挖掘以热带雨林国家公园为核心的中部山区生态资源，围绕黎母山、七仙岭温泉等中部市县资源开展旅游业。旅游业是热带雨林国家公园品牌建设的重点，要打造特色生态小镇和生态旅游景区，依托五指山、霸王岭、尖峰岭、吊罗山和黎母山等保存较好的原始热带雨林区，打造各具特色的热带雨林高端生态产品，提升旅游服务设施，依托特许经营机制，发展智慧、低碳、生态旅游，发展国家公园品牌，鼓励社区参与，在考虑生态承载力和国家公园功能分区的基础上对客流量进行管控，吸引国内外的游客，提升景区国际知名度，推进国际旅游岛建设。借鉴法国国家公园加盟区理念，动员其他区域参与保护，分享改革红利。

良好的数据监测系统是保障绿色积分市场运行的基础，主要包括以下几个方面的监测，见表 5-2-1。

表 5-2-1　国家公园产品绿色积分监测系统的构成

系统	监测数据
基础设施和项目	酒店、饭店、度假区、交通、文化旅游基地等基础设施已投入使用的情况及承载文化旅游项目的积分，也包括开放可视化的供应链全程监控平台
绿色积分系统	对游客、企业参与绿色积分体系的评价体系及对积分系统的数量统计，行业或者企业监测积分发放、兑换产品的情况
绿色标签产品	基于生态产品足迹核算指南，将绿色标签应用于产品中，标签涉及产品的数量、行业分布、销售情况
原住民参与保护评价	借用地役权的监测指标，判断原住民对生态产品的保护及对积分的贡献

国家公园产品品牌的发展需要制定相应的法律法规或管理制度，热带雨林品牌管理制度体系包括：国家公园产品产业发展指导办法、国家公园产品质量标准和管理办法、国家公园品牌认证管理办法、国家公园品牌推广管理办法、国家公园产品品牌清退制度、特许经营管理办法、国家公园产品品牌使用管理办法、国家公园产品绿色积分管理办法（含监测、使用、交易等）、国家公园产品监测管理办法、国家公园地役权管理办法。

（二）重点行业转化促进绿色经济发展

1. 旅游产业——以民宿、酒店为代表

海南省要推进国际旅游岛建设，培育旅游消费新业态、新热点，尤其是“互联网＋医疗＋旅游”新业态。

海南省鼓励发展各类生态、文化主题酒店和特色化、中小型家庭旅馆。国家公园产品品牌体系第三产业中的住宿业（包括民宿和酒店）属于同一类型的旅游基础设施，应统一对待。国家公园影响范围内政府鼓励建设多种主题的民宿和酒店，如环境教育、生物多样性、文化遗产传承、非物质文化保护等。

从具体标准设置上看，从空间位置、建筑材料选取到餐饮服务（尽可能选用当地原材料）、住宿用品（材质、洗涤过程等绿色化）都可以体现资源环境的优势。纳入品牌体系中的产品，不仅使产品品质与资源环境质量挂钩，且通过品牌体系使得这种挂钩获得普遍而持续的市场认知，最终使其增值获得市场的普遍认可。第一产业和第三产业的产品以在民宿或者酒店中进行销售、提供体验为主。第二产业部分商品可以通过民宿或者酒店直接对消费者出售，也可以通过网上信息化管理平台出售。

2. 农副产业——以茶产业为代表

热带雨林的茶叶已经具备一定的知名度，有白沙绿茶等知名品牌，具备规模化、专业化的经营条件，但海南省的茶叶生产规模、销售市场却不能与历史名茶品牌媲美。

（1）存在的问题

①茶山管理水平较低，缺少生产标准，工艺难以提高。传统的茶产业链，从种植、加工，到流通、消费的各个环节，存在从业人员分散、茶叶品质难以稳定、销售渠道多样、管理效率低下等多种问题。茶叶加工生产企业和初制厂大多是家庭式作坊，大型的龙头企业较少，生产过程有待标准化。茶叶生产经营者大多安于传统品种的种植与落后的小农生产工艺，没有在保留原有传统特色的同时，根据市场需求改良品种、改进制作工艺。

②市场秩序难规范，营销效益偏低，品牌效益没有发挥。家庭分散生产经营，造成热带雨林茶销售市场各自为政，市场行为良莠不齐。产品的包装不够精美，加上企业宣传不到位，没有形成茶叶产业链，热带雨林茶的价值不能得到完全的体现，营销效益偏低。除少数大型茶企，多数茶企、茶商未能建立溯源系统，茶叶安全难以保障。热带雨林已经有的“五指山红茶”近些年来市场认可度较低，

特别是对比同样的高山红茶——福建武夷山的金骏眉，五指山红茶产量有限，技术工艺还远不能支撑其市场化需求。

③茶企融资手段单一，投资不足。部分茶企、茶商有改造茶园、厂房，产品研发等方面的意愿，但受资金约束，无法加快企业发展进程。另外，除少部分大型茶企外，较多茶企由于意识、资金、技术人员等，未能跟上“互联网”时代的步伐，生产、管理、销售等都在使用传统办法，效率和效益都很低，无法适应互联网时代发展。茶企业相对较为封闭，并没有和银行等金融机构建立特殊的合作。

（2）借助国家公园产品品牌体系，标准化、链条化发展

将茶产业纳入国家公园产品品牌体系（优先选取白沙绿茶、五指山红茶等作为子品牌）。建设高标准生态茶园并规范其生产流程。严格控制农药、化肥使用，加大违规开垦茶山综合整治力度，对现有茶园进行生态改造，积极推广茶园植树、梯壁种草、套种绿肥、生物防控等技术，强化茶园水土保持，重点完成茶园排蓄水系统升级、品种改良、茶园低改等茶园建设工作，新建高标准生态茶园、有机茶园。

挖掘适合海南特色的茶产品（考虑其土地可利用面积较少，中部区域产业发展受土地和其他政策管制严格）。创新发展涉茶的第三产业，加快茶旅融合发展，探索开发一批休闲观光、体验互动、认领定制的旅游生态茶庄园。建立集线上线下交易、仓储物流配送、综合检验为一体的大型茶叶交易市场。加强电子商务在茶叶营销领域的应用。鼓励茶叶企业、农民合作社开展电子商务拓展国内外市场，开发适宜网络营销的产品，支持B2B（企业到企业），B2B2C（供应商到电商到顾客）、O2O（线上与线下互动）等电子商务模式发展，推进茶叶跨境电子商务模式发展。

培育壮大茶产业市场主体。深入推动“龙头企业＋合作社＋农户”模式发展，支持龙头企业带动茶农和茶叶专业合作社发展，加强茶叶深加工和流通项目建设。推进茶企业整合和重组，设立茶叶转型升级发展专项资金，培养茶产业和茶产业相关的绿色新兴产业发展。

探索建设热带雨林国际茶产权交易中心和国家级茶业检测中心，实现产销、产金、产研、产学对接，推动茶产业标准化、品牌化发展。

（3）借助国家公园信息化平台，促进产业融合

借助国家公园信息化平台，解决热带雨林茶产业服务的对象量大、面广、分散、个性化需求差异大，且茶产业信息资源分散、服务体系不健全、信息化费用高的问题。借助信息化平台，将生产要素、经济要素、生活要素、生态要素等合

理配置，整合茶产业和其他产业资源，并提高宣传力度。推动热带雨林茶产业的链条化发展，健全茶地、种植、加工、仓储、金融、销售、检测、溯源全产业链的管理和服务，确保热带雨林茶叶良性发展，建立茶行业直供直销体系，保证茶行业供与需、产与销的信息对称与顺畅，对产业链上下游进行高效整合。茶农、茶叶厂商、消费者可以在手机上查询到茶叶销量、产品评价、服务评价、信誉评价等各种茶叶的相关数据分析，可以通过理性判断去引导生产、营销、消费，这必将提升茶产业生产效率，促使茶产业升级。“互联网 +”成为助推茶业发展的新动力，将社会消费格局变化中产生的电子商务、移动支付、产品追溯、物联网等技术与茶叶产品流通过程高度融合，通过对销售环节的提速与智能化推进消费升级促成茶叶销售渠道建设、产品信息宣传、反馈信息收集、企业门店管理等领域的技术升级。

从销售平台上看，链接天猫、京东、苏宁等综合性电商平台。建设茶业资源大数据管理系统、实施溯源系统、完善质检系统，引入仓储管理，在各大电商平台开设旗舰店，同时搭建热带雨林自有的茶业宣传和销售平台，引入拍卖、期货、众筹等模式，借助金融手段，搭建热带雨林茶业完整的种植、加工、销售、溯源、检测、仓储及金融一条龙的垂直产业链服务系统，促进热带雨林茶业产业规范化发展，提升热带雨林茶叶品质和品牌。

借助独立第三方，定期颁布质量评估报告，解决独立电商平台和产业产地对接不足、与质量监督管理没有联动等问题。吸引国内外龙头茶企业在热带雨林设立分支总部基地，做精做强茶叶种质资源繁育、品牌展示、茶文化创意等产业链的关键环节。积极推动茶产业与文化旅游、休闲度假、健康养生、城镇化建设融合发展，打造国际茶文化交流和体验中心，创建具有国际影响力的产业领域会展品牌。

参考文献

[1] 张文博．生态文明建设视域下城市绿色转型的路径研究 [M]. 上海：上海社会科学院出版社，2022.

[2] 秦书生．马克思主义视野下的绿色发展理念解析 [M]. 南京：南京大学出版社，2020.

[3] 黄小军，贾卫列．生态文明与云南绿色发展的实践 [M]. 昆明：云南人民出版社，2020.

[4] 张云飞，周鑫．中国生态文明新时代 [M]. 北京：中国人民大学出版社，2020.

[5] 杨朝霞．生态文明观的法律表达 [M]. 北京：中国政法大学出版社，2019.

[6] 张云飞，李娜．开创社会主义生态文明新时代 [M]. 北京：中国人民大学出版社，2017.

[7] 彭文英，单吉堃，符素华，等．资源环境保护与可持续发展：首都生态文明建设考察 [M]. 北京：中国人民大学出版社，2015.

[8] 诸大建．生态文明与绿色发展 [M]. 上海：上海人民出版社，2008.

[9] 韩媛媛．向新加坡学习现代服务业 [M]. 广州：广州出版社，2015.

[10] 章建华．深入学习贯彻习近平生态文明思想 着力推动能源绿色发展 [J]. 中国机关后勤，2023（7）：18−20.

[11] 刘健．绿色发展与生态文明建设的关键和根本 [J]. 经济师，2023（6）：17−18.

[12] 魏凤雨．同筑生态文明之基同走绿色发展之路 [J]. 中学政史地（初中适用），2023（3）：23−26.

[13] 鞠传国，李永卫．西藏生态文明经济的“生态现代化—绿色发展”复合模式 [J]. 青海社会科学，2023（1）：49−54.

[14] 韦琦，周晋峰，王静．生态文明时代我国经济社会绿色发展成就 [J]. 新型城镇化，2023（合刊 1）：74−79.

[15] 朱信凯．深入贯彻落实习近平生态文明思想 推进农业绿色发展与乡村生态振

兴 [J]. 环境与可持续发展，2022，47（6）：50–55.
[16] 孙晓惠，侯坤．绿色发展理念下我国农村生态文明建设途径研究 [J]. 东北农业大学学报（社会科学版），2022，20（6）：17–23.
[17] 李红军．共商生态文明建设之计 共寻生态绿色发展之路：在中国生态文明论坛南昌年会开幕式上的欢迎辞 [J]. 中国生态文明，2022（6）：10.
[18] 崔健．习近平关于绿色发展重要论述研究 [D]. 大连：大连海事大学，2022.
[19] 莫神星．新型城镇化绿色发展的制度构建与实现路径研究 [D]. 上海：华东理工大学，2022.
[20] 韩宁．我国乡村振兴绿色发展道路探索研究 [D]. 武汉：中国地质大学，2021.
[21] 石秀秀．习近平总书记关于长江经济带绿色发展重要论述研究 [D]. 武汉：中国地质大学，2021.
[22] 夏钰珊．习近平新时代绿色发展观研究 [D]. 长沙：长沙理工大学，2021.
[23] 张玮哲．我国农业农村生态文明和绿色发展标准体系研究 [D]. 北京：北京林业大学，2020.
[24] 王乃煊．绿色发展视域下我国生态文明建设研究 [D]. 重庆：西南政法大学，2020.
[25] 冯筱曼．马克思自然生产力理论视域下的绿色发展研究 [D]. 长沙：长沙理工大学，2020.
[26] 李宝鑫．中国特色社会主义绿色发展理念的历史演进与实践创新研究 [D]. 绵阳：西南科技大学，2020.
[27] 吴涛．新时代公民绿色责任教育研究 [D]. 武汉：华中师范大学，2020.